우주의 기본적 법칙 중 하나는 완벽한 것은 없다는 것이다.
불완전함 덕분에 당신도 나도 존재한다.

- 스티븐 호킹

실험을 아무리 많이 해도 내가 옳음을 결코 입증할 수 없다.
단 하나의 실험만으로도 내가 틀렸음을 입증할 수 있기 때문이다.
- 알버트 아인슈타인

과학에는 뭔가 매력적인 것이 있다.
사실이라는 아주 작은 투자를 통해 그토록 많은 추측을 이끌어내니 말이다.
- 마크 트웨인

과거 우리는 1 더하기 1은 2이므로 하나를 알면 둘을 안다고 생각했다.
이제 우리는 '더하기'에 대해
엄청나게 많은 것을 알아나가야 한다는 사실을 깨닫고 있다.
– 아서 에딩턴

재미로 읽다가 100점 맞는
색다른 물리학(하편)

재미로 읽다가 100점 맞는
색다른 물리학(하편)

펴낸날 2022년 4월 10일 1판 1쇄

지은이 천아이펑
옮긴이 정주은
감수 송미란
펴낸이 김영선
책임교정 이교숙
교정·교열 정아영, 이라야
경영지원 최은정
디자인 박유진·현애정
마케팅 신용천

펴낸곳 (주)다빈치하우스-미디어숲
주소 경기도 고양시 일산서구 고양대로632번길 60, 207호
전화 (02) 323-7234
팩스 (02) 323-0253
홈페이지 www.mfbook.co.kr
이메일 dhhard@naver.com (원고투고)
출판등록번호 제 2-2767호

값 17,800원
ISBN 979-11-5874-145-7 (44420)

재미로 읽다가 100점 맞는 색다른 물리학

하편

천아이펑 지음

정주은 옮김 · **송미란** 감수

미디어숲

03 현대 물리

01
전기와 자기

현재 세상은 '전기'로 굴러가고 있습니다. 전기는 우리 생활에 얼마만큼 중요할까요? 만약 전기가 없다면 세상은 어떻게 될까요?

어느 날 갑자기 전 세계의 모든 전기 기구가 작동하지 않아 자동차, 수돗물, 배터리, 휴대폰, TV 등을 사용할 수 없게 되었습니다. 도쿄에 살던 평범한 4인 가정 스즈키 씨네는 도쿄를 탈출해 자전거를 타고 시골로 내려가기로 결정했습니다. 적어도 그곳에서는 자급자족이 가능할 테니까요. 스즈키 씨네는 물도 없고, 해가 쨍쨍 내리쬐고, 폭풍우가 몰려올지도 모르고, 심지어 생명의 위협이 도사릴 수도 있는 위험천만한 여정에 올랐어요.

이것은 2018년 개봉한 일본 영화 〈서바이벌 패밀리〉이야기랍니다. 그러나 정말로 전기가 사라진다면 우리가 맞닥뜨릴 현실은 절대로 영화가 보여주는 것처럼 '나무를 마찰시켜 피운 불로 밥을 지어 먹고, 우물물을 길어 마시고, 큰 솥의 물을 장작불로 데워 목욕하고, 사방팔방 뛰어다니며 가축을 잡고, 뗏목을 타고, 강을 건너는' 이런 원시적이고 순박한 상황은 아닐 거예요.

전기가 없어지면 세계는 곧바로 마비되고 혼란에 빠질 것이며 전쟁의 불길에 휩싸일 수도 있어요. 지금부터는 전기는 어떤 일을 하는지, 무엇과 관련 있는지 살펴보겠습니다.

전기와 자기磁氣는 밀접한 관계가 있습니다. 전기는 자기를 생성하고 자기는 전기를 생성합니다. 자기가 없으면 우리가 집에서 사용하는 전기도 없을 거예요. 이번 장에서는 전기와 자기에 관한 현상과 법칙을 알아보도록 해요.

핵심 내용

- 쿨롱의 법칙
- 옴의 법칙과 줄의 법칙
- 전자기 유도와 렌츠의 법칙
- 암페어 법칙
- 교류 전류, 변압기와 원거리 송전

- 전류, 전압, 저항
- 전자력과 로렌츠 힘
- 패러데이의 전자기 유도 법칙
- 왼손 법칙과 오른손 법칙
- 무선파와 현대 통신

정전기 현상과 전하

인류는 정전기 현상을 보고 '전기'의 존재를 깨달았다. 2천여 년 전 후한의 뛰어난 사상가였던 왕충이 지은 《논형》에 정전기 현상에 관한 기록이 있다. 그가 말한 '돈모철개頓牟掇芥'에서 '돈모頓牟'는 호박을 가리키고, '개芥'는 겨자씨라는 뜻도 있지만 건초, 종이 등 몹시 작고 하찮은 것을 가리키기도 한다. '철개'는 티끌처럼 미세한 물체들을 끌어들인다는 의미다. 그러므로 '돈모철개'는 호박을 문지르면 가볍고 작은 물체를 끌어들인다는 뜻이 된다.

이는 마찰로 전기를 일으키는 정전기 현상을 고대 사람들도 인식하고 있었음을 의미한다. '정전기'는 전하가 정지 상태에 있어 흐르지 않고 머물러 있는 전기를 말한다. 유럽에서 영국 여왕 엘리자베스 1세의 주치의 윌리엄 길버트William Girbert가 처음으로 '전기력electric force'이라는 개념을 도입해 정전기 현상을 체계적으로 연구했다.

1600년, 길버트는 어떤 물질들을 서로 마찰시키면 작고 가벼운 물체를 끌어들인다는 사실을 발견하고 이 힘에 '전기력'이라는 이름을 붙였다. 전기를 뜻하는 영문 알파벳 'Electricity'는 '호박'을 뜻하는 고대 그리스어 'Elektron'의 어근에서 파생되었다.

정전기 현상은 생활 속에서 흔히 관찰할 수 있다. 건조한 계절, 아침에 잠자리에서 일어나 빗으로 머리를 빗으면 빗과 머리카락이 마찰해 정전기가 발생된다. 스웨터를 벗을 때, '티딕틱'하는 마찰음을 들어본 적이 있을 것이다. 저녁에는 번쩍하고 튀는 작은 스파크를 볼 수도 있다. 서진의 장화가 저술한 《박물지》에도 이런 현상에 대한 기록이 남아 있다. '사람들이 머리를 빗거나 옷을 벗을 때, 머리카락이 빗을 따라 바짝 서고 옷 매듭을 풀면 번쩍 빛이 나고 때로는 작은 소리도 난다.' 게다가 정전기가 발생할 때 문고리, 열쇠, 수도꼭지 등 금속 물체를 만지면 감전된 것처럼 찌릿한 느낌이 든다.

정전기 때문에 털이 사방으로 날리는 강아지

자연계에는 두 종류의 전하가 있다. 비단으로 마찰한 유리막대가 지니는 전하를 '양전하'라고 하고, 털가죽으로 마찰한 고무 막대가 지니는 전하를 '음전하'로 규정했다. 같은 종류의 전하는 서로 밀어내고, 다른 종류의 전하는 서로 끌어당긴다.

정전기를 발생시키는 방식에는 '마찰대전', '접촉대전', '유도대전', 주로 이 세 가지가 있다. 마찰대전은 전하를 만들어내지는 않는다. 다만 전자가 어떤 물체에서 다른 물체로 옮겨가 전자를 얻은 물체는 음전하를 띠게 되고, 전자를 잃은 물체는 양전하를 띠게 된다. 사실상 마찰대전은 전하의 물체 간 전이현상이다.

그렇다면 마찰로 인해 대전된 물체가 미세한 물체를 끌어들일 수 있는 까닭은 무엇일까? 대전체 전하에 의한 전기장이 작용해 미세한 물체의 원자 양전하 중심과 음전하 중심이 미세하게 거리를 벌린다(물리학에서는 이를 '분극'이라고 한다). 전하 간 작용 법칙에 따라 마찰대전체의 전기적 성질과 반대되는 전하 중

물체가 띠고 있는 전기의 양을 전하량이라고 하는데 간단히 줄여서 '전하' 또는 '전량'이라고 부른다. 일반적으로 Q라고 표시하고 단위는 쿨롱(C)을 사용한다. 기본 전하 e는 최소 전하, 즉 양성자 하나가 지니는 전하량으로 $e=1.60×10^{-19}$C, 전자 전하량 $q=-e=-1.60×10^{-19}$C이다. 모든 대전체의 전하량은 기본 전하의 정수배이다.

심이 마찰대전체와 더 가까워 인력이 척력보다 좀 더 크므로 미세한 물체가 끌어당겨지는 것이다.

번개는 구름과 구름 사이, 구름과 땅 사이, 구름 내부에서 발생하는 강렬한 방전 현상으로, 번개 한 줄기의 길이는 수백에서 수천 미터에 달한다. 번개가 방출하는 전기에너지는 굉장히 크다. 어림잡아 하루 동안 약 수백만 번의 번개가 치는데 이때 방출하는 전기 출력은 거저우바 수력발전소 전기 출력의 수천 배나 된다. 번개가 치기 전, 거대한 구름층에 모인 전하량은 최대 수백 쿨롱에 달한다. 이로 보아 쿨롱은 상당히 큰 전하 단위임을 알 수 있다.

쿨롱의 법칙

같은 종류의 전하는 서로 밀어내고 다른 종류의 전하는 서로 끌어당긴다. 그런데 서로 밀어내고 끌어당기는 힘은 도대체 얼마나 클까? 지금은 두 점전하 사이의 작용력이 쿨롱의 법칙을 만족한다는 사실을 대부분 알고 있지만 이 법칙이 발견되기까지의 과정은 험난했다. 수많은 과학자가 이 문제를 연구하고 실험하는 데 귀한 시간과 노력을 쏟아부어야만 했다.

1755년, 미국의 과학자 프랭클린$^{Benjamin\ Franklin}$은 도체를 대전시키면 전하가 도체 표면에만 존재하고 도체 내부에는 전하가 없음을 알아냈다. 1759년, 독일의 과학자 아이피누스^{Aepinus}는 전하 사이의 척력과 인력이 대전체의 거리가 줄어들수록 커진다는 가설을 제기했다. 다만 아이피누스는 이 가설을 실험으로 검증하지는 않았다. 1760년, 전기력이 만유인력처럼 역제곱법칙

20

을 따른다는 주장이 제기되었는데 당시 이 주장이 상당히 널리 받아들여졌다.

1773년, 영국의 물리학자 캐번디시^{Henry Cavendish}는 동일한 중심을 가지는 금속 케이스 두 개를 이용해 실험했다. 반복된 실험을 통해 캐번디시는 전기력이 역제곱법칙을 따름을 확인했다. 그가 얻은 결과는 당시의 조건에서는 굉장히 정확한 것이었다. 뉴턴의 만유인력 연구에 영향을 받아 캐번디시는 전하가 도체 표면에만 분포하고 역제곱법칙을 따르는 이유를 이렇게 설명했다.

"뉴턴의 증명에서도 똑같은 결론을 얻을 수 있는데, 전하의 척력이 전하 간 거리의 제곱보다 큰 값에 반비례하면 전하는 중심으로 보내지고, 척력이 전하 간 거리의 제곱보다 작은 값에 반비례하면 전하는 바깥으로 보내진다."

프랑스의 과학자 장 바티스트 비오^{Jean Baptiste Biot}는 캐번디시를 두고 '유식한 사람 중 가장 부유하고, 부유한 사람 중 가장 유식한 사람'이라고 평했다. 그러나 괴팍한 성품의 소유자였던 캐번디시는 사람과의 만남을 꺼렸고 죽을 때까지 이 연구 결과를 공개적으로 발표하지 않았다. 1879년, 맥스웰이 캐번디시의 이 연구 성과를 정리하면서 그의 연구 업적이 세상에 알려지게 된다.

만약 캐번디시가 이 성과를 바로 발표했다면 '쿨롱의 법칙'은 그 이름이 달라졌을 것이다.

쿨롱의 실험

쿨롱Coulomb은 프랑스의 엔지니어이자 물리학자였다. 그는 두 전하 간 작용력의 규칙을 어떻게 알아냈을까? 쿨롱은 두 전하 간 척력 및 인력의 규칙을 연구했다.

1785년, 쿨롱은 비틀림 저울 실험을 통해 두 전하 간 척력과 전하 간 거리의 관계를 연구해 다음과 같은 결론을 내렸다.

'같은 종류의 전하를 가진 두 공 사이의 척력은 둘의 중심 사이의 거리의 제곱에 반비례한다.' 쿨롱은 〈전기력 법칙〉 논문에서 그의 실험 장치와 측정 과정, 실험 결과를 상세히 소개했다.

쿨롱의 비틀림 저울의 핵심 부품은 가늘고 긴 줄 끝에 매달린 막대와 이 막대 양 끝에 부착된 평형한 공 두 개로 구성된다. 공에 전기의 작용력이 없을 때, 막대는 평형 상태에 놓여 있다. 만약 두 공 중 하나가 대전되고, 동시에 같은 종류의 전하량을 갖는 다른 공을 그 근처에 두면 이 공에 척력이 발생해 움직일 수 있는 공을 밀어내 막대는 줄의 비틀림 힘과 전기 척력이 평형에 도달할 때까지 막대가 매달린 점을 중심으로 돌게 된다. 줄이 매우 가늘기 때문에 공에 작용하는 힘이 아주 작아도 막대를 원래 위치에서 멀리 떨어뜨려 놓을 수 있다. 회전하는 각도와 힘의 크

기는 비례한다. 두 대전체 사이의 거리는 쉽게 조절하고 측량할
수 있다.

쿨롱의 비틀림 저울

    그러나 쿨롱이 활동한 시대에는 현실적인 어려움이 있었다.
그 시기에는 전하량의 단위도 없었고 물체가 가진 전하량을 측
정할 수도 없었다. 그래서 실험을 위해 쿨롱은 대칭성 원리를 교
묘하게 이용해 금속공에 대한 전하량을 바꿨다. 쿨롱은 먼저 금
속공 B를 대전시켜 그 전하량을 Q라고 했다. 만약 금속공 B를
대전되지 않은 금속공 A(A와 B는 완전히 똑같은 공임)와 접촉시
키면 A와 B의 전하량은 모두 $Q/2$가 된다. 만약 이 공들과 완
전히 똑같으면서 대전되지 않은 공을 B와 접촉시켰다 떼어내

면 *B*의 전하량은 다시 절반으로 줄어든다. 이 과정을 반복할 때마다 *B*의 전하량은 계속해서 절반으로 줄어들어 Q, $Q/2$, $Q/4$, $Q/8$……의 결과를 얻게 된다. 이런 방법으로 움직이는 공과 고정된 공이 같은 양, 같은 종류의 전하를 갖게 해 두 공 사이의 거리를 조정하는 실험을 세 번 실시한 끝에 쿨롱은 다음과 같은 결론을 내렸다.

'척력의 크기는 거리의 제곱에 반비례한다.'

그러나 비틀림 저울은 다른 종류의 전하 실험에는 쓸 수 없었다. 인력의 변화가 금속줄 비틀림 힘의 변화보다 빨라 비틀림 저울의 안정성을 보장할 수 없기 때문이다. 대전된 공 두 개의 거리가 멀면 오차가 너무 크고, 거리가 가까우면 두 공이 자꾸 부딪친다. 이는 비틀림 저울이 너무 예민해 미세한 원인으로도 쉽게 흔들리기 때문이다. 두 공이 서로 당기면 상호 접촉으로 인해 전하 중화 현상이 발생해 실험을 진행할 수 없게 된다. 그래서 쿨롱은 전하 간 인력도 전하 간 거리의 제곱에 반비례하는지 알아내기 위해 전기 진자 실험을 계획했다. 쿨롱은 단진자와 비슷한 방법으로 측량해 다른 종류의 전하 간 인력도 전하 간 거리의 제곱에 반비례한다는 사실을 증명했다.

쿨롱의 법칙은 전자기학 발전 과정에서 처음으로 확정된 정량 법칙으로 전자기학 연구를 정성 연구에서 정량 연구로 이끌었다. 쿨롱의 법칙은 전자기학과 전자기장 이론의 기본 법칙 중 하나이자, 전자기학 발전사에 남을 획기적인 발견이다.

지금까지의 이론과 실험을 근거로 볼 때, 두 점전하 간 작용력의 크기는 두 전하량의 곱에 비례하고, 전하량 사이의 거리의 제곱에 반비례한다는 쿨롱의 법칙은 매우 정확하다. 그 유명한 알파 입자 산란 실험부터 지구 물리 영역의 실험까지, 쿨롱의 법칙은 $10^{-11} \sim 10^7 \text{m}$의 범위 안에서 매우 신뢰할 수 있음을 보여줬다.

비둘기에게는 내비게이션이 내장돼 있다
자기장

동물은 인류의 친구다. 인류의 곁에서 즐거움과 편의를 제공하는 동물도 있고 중요한 때에 인류의 목숨을 구하는 동물도 있다. 제2차 세계 대전 기간에는 영웅적 활약을 펼친 사람들도 쏟아져 나왔지만 영웅적 활약을 펼친 '동물'들도 탄생했다. 전쟁터에서 특별한 활약을 펼쳐 인류에 공헌한 동물들은 디킨 메달 Dickin Medal과 같은 상을 받기도 했다. 종전 이후, 연합군은 총 66개의 디킨 메달을 수여했는데, 그중 1개는 고양이, 3개는 말, 29개는 개, 그리고 32개는 전서구(군용 통신에 이용하기 위해 훈련된 비둘기)에게 수여됐다.

전서구는 주로 먼 거리를

날아 정보를 전달하는 임무를 수행했다. 그렇다면 전서구는 어떻게 목적지를 정확히 찾아가는 걸까? 비밀은 자기장에 있다.

춘추 시대 때부터 사람들은 자성을 지닌 천연 광석에 대해 알고 있었다. 그리고 자석에 대한 지자계의 작용을 이용해 방위를 파악했다. 최초의 나침반은 '사남(司南)'이라고 불렸다. 자석을 국자 모양으로 만들어 매끄러운 원판 위에 올려놔 국자 바닥과 원판을 접촉시키고 국자 자루로 방위를 가리키게 했다. 사남은 주로 항해 분야에서 쓰였는데 점점 개선되어 오늘날의 나침반이 되었다. 오늘날에는 천연 자석과 스틸, 인공 합성 재료를 이용해 각종 자성체를 제작한다.

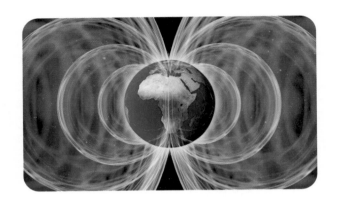

　자기장을 가진 지구는 아주 커다란 공 모양의 자석으로 볼 수 있다. 지리적 북극과 지리적 남극은 자기북극, 자기남극과 겹치지 않는다. 자침이 가리키는 남북 방향과 지리적 남북 방향은 살짝 어긋나 있는데 둘 사이의 끼인각을 '지자기편각'이라고 하며, 줄여서 '자기편각'이라고 부른다. 위치가 바뀌면 자기편각의 크기도 바뀐다. 예를 들어 헤이룽장성 모허는 11°00′이고 베이징은 5°50′, 광저우는 1°09′이다. 일부 지역에서 나침반으로 방향을 식별할 때, 나침반 바늘이 지리적 남북 방향과 맞지 않는 것은 바로 이 때문이다.

　지구 자기장은 고정불변이 아니다. 자기장의 강도, 자기편각, 자기극의 위치 등이 모두 바뀔 수 있다. 연구 결과, 지구의 기나긴 역사 속에서 지구의 북극과 남극은 이미 여러 차례 바뀐 바 있다. 미래 지구 자극의 위치를 정확히 예측하지는 못한다. 지자극이 바뀌는 이유에 대해서는 그저 추측만 할 뿐이지만 어느 날

갑자기 북극과 남극의 위치가 바뀐다면 크게는 비행기나 선박부터 작게는 휴대폰, 시계에 이르기까지 자기장을 이용해 방위를 파악하는 물체가 모두 방향을 잃게 될 것이다.

선천적 지자기 항법 시스템

아주 오래전부터 인류는 비둘기의 장거리 비행 능력, 방향 감각, 귀소 본능이 매우 탁월함을 알아차렸다. 고대이집트에서는 비둘기를 훈련시켜 효율적이고 믿을 수 있는 '전령'으로 사용했다. 2차 대전 당시, 비록 이미 무선 전신이 발명돼 광범위하게 응용되고 있었지만, 통신 전선에서는 여전히 전서구가 요긴하게 이용됐다.

1943년 11월 18일, 영국 제56 보병여단은 독일군의 방어선을 신속히 돌파하기 위해 동맹군 공군 측에 화력 지원을 요청했다. 동맹군 전투기가 이륙하기 직전, 전서구가 긴급한 정보를 담은 서신을 가져왔다. '독일군의 방어선이 이미 56보병여단에 의해 공략됨. 폭격 중지 요청!' 그야말로 식은땀이 절로 나는 상황이었다. 만약 전서구가 제때 가져온 정보가 아니었다면 보병여단의 병사 1,000명은 아군의 오폭에 심각한 부상을 입거나 목숨을 잃었을 것이다.

분석 결과, 이 전서구는 12분 동안 30km나 비행한 것으로 밝혀졌다! 영국 런던시장은 모든 인류가 그 영웅적 업적을 기억하도록 이 전서구에게 디킨 메달을 수여했다.

오랜 시간 동안 사람들은 전서구의 탁월한 방향 감각이 시력과 기억력에서 비롯되었다고 생각했다. 그러다가 20세기 들어서야 과학자들은 전서구가 지구자기장을 통해 방향을 식별한다는 사실을 밝혀냈다. 과학자들은 훈련받은 전서구 수백 마리를 두 조로 나눠 그중 한 조는 날개 아래에 작은 자석을 매달고, 다른 한 조의 날개 아래에는 같은 크기의 구리 조각을 매달아 새장에서 수십, 수백킬로미터 떨어진 곳으로 데려가 날렸다. 그 결과, 구리 조각을 매단 비둘기는 거의 다 새장으로 돌아왔지만 자석을 매단 비둘기는 전부 어딘가로 날아가 버렸다. 이는 자석의 자기장이 비둘기 체내의 내비게이션 시스템에 혼란을 가져와 방향 감각을 잃게 만들었음을 의미한다.

이후 과학자들은 전서구를 해부하다가 전서구 머리 부위에서 강자성을 띤 사산화삼철(Fe_3O_4) 입자를 다량 발견했다. 이 입자(자성 세포)는 상당히 고정된 형상으로 배열돼 지구자기장에 매우 민감한 내비게이션 시스템을 구성한다. 연구 결과, 전서구 외에 일부 철새의 머리에서도 자성 입자가 다량 발견됐다. 이 새들이 장거리를 비행하면서도 방향을 잃지 않는 것은 바로 이 때문이었다.

또한 우리 주변의 동물들을 유심히 관찰해보면, 꿀벌, 파리 등

곤충도 보통 남북 방향(지구자기장 방향)으로 움직인다는 사실을 확인할 수 있다. 만약 벌집 주변에 '네오디뮴-철-붕소^{Neodymium} $^{iron\ boron}$'와 같은 강자성체를 몇 개 놔두면 꿀을 모으러 밖에 나와 있던 일벌 중 대다수가 집을 못 찾고 헤매게 될 것이다. 만약 강자성체를 벌집 안에 넣어두면 벌들은 이상행동을 하기 시작해 8자 춤조차 제대로 못 추게 된다. 원흉은 두말할 나위 없이 자기장이다.

전기력선과 자기력선

패러데이

물리학이 발전하는 과정에서 수많은 위대한 물리학자들이 등장해 인류의 진보에 큰 공헌을 했다. 그중에서도 유독 눈에 띄는 사람이 있다. 바로 정규교육이라고는 겨우 2년밖에 받지 않았는데도 '전기학의 아버지'라고 불리는 영국의 물리학자 마이클 패러데이Michael Faraday다. 그는 독학으로 과학의 세계에 입문했는데, 다른 뛰어난 물리학자들에 비해 수학 실력이 떨어져서 이를 극복할 수단으로 어려운 문제들을 실험으로 해결하다 보니 자연스럽게 실력이 일취월장해 결국 19세기 전자기학 분야의 가장 위대한 실험물리학자가 된 것이라고 훗날 사람들은 평가했다. 이런 말도 일리는 있다. 전기력선과 자기력선 그림을 보면 보통 솜씨가 아님을 알 수 있으니 말이다.

전기장 또는 자기장에 곡선들을 그릴 때, 곡선상의 모든 점의 접선 방향은 이 점의 장 강도 방향과 일치하며, 곡선의 밀도는 장의 강약을 표현한다. 이런 선을 전기장에서는 '전기력선'이라고 하고 자기장에서는 '자기력선'이라고 한다. 전기력선상의 모든 점의 접선 방향은 이 점에 놓인 양전하가 받는 힘의 방향이며, 자기력선상의 모든 점의 접선 방향은 이 점에 놓인 자침 N극이 받는 힘의 방향이다.

전기력선과 자기력선은 실제 물체로 내보일 수도 있다. 자기력선을 예로 들어보자.

자석을 탁자 위에 반듯하게 놓고 자석 주위에 철가루를 뿌리거나 작은 자침을 늘어놓으면 그 주위 자기장의 상황을 직접 눈으로 확인할 수 있다. 한 단계 더 나아가, 철가루(이미 작은 자성체로 자화된 것)나 작은 자침이 가리키는 방향에 따라 그 주위 자기력선을 얻을 수 있다. 마찬가지로 피마자기름 속에 떠다니는 미세한 물체를 가지고 전기력선의 분포 상황을 눈으로 확인할 수도 있다. 흔히 이용되는 전기력선에는 점전하 전기력선, 균일 전기력선 등이 있다.

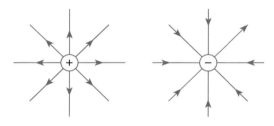

고립 점전하 전기장

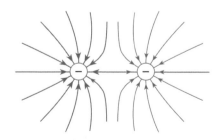

동량 동부호 점전하 전기장

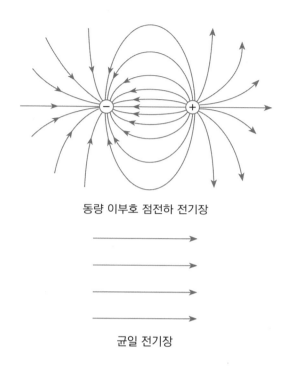

동량 이부호 점전하 전기장

균일 전기장

전기력선과 자기력선은 공통점도 있고 차이점도 있다. 공통점은 전기력선과 자기력선 둘 다 문제를 연구하는 가상의 도구일 뿐, 실제로는 존재하지 않는다는 점이다. 또 다른 공통점은 전기력선과 자기력선 안에서 교차가 일어나지 않는다는 것이다. 전기장이든 자기장이든, 임의의 한 점의 장의 방향은 하나뿐이며, 한 점을 지나는 접선 하나만 그릴 수 있다. 차이점은 전기력선은 시작점과 종점이 있지만(양전하에서 출발하고 음전하에서 종료됨) 자기력선은 폐곡선으로 시작점과 종점이 없다. 다시 말해 자성체 내부에도 자기력선이 있다.

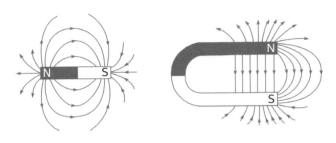

막대자석과 말굽자석 자기장

전기력선과 자기력선을 이용해 전기장과 자기장을 설명하면
서도 정확한 수학적 도구는 사용하지 않는 이런 '선'의 개념은
물리학의 새 지평을 열었다.

패러데이가 60세를 넘겼을 때, 전자기학을 대표하는 또 한 명
의 태두, 맥스웰James Clerk Maxwell은 전자기학에 관한 패러데이의
새로운 이론과 사상을 접하게 된다. 패러데
이의 《전기학의 실험적 연구》를 읽은
맥스웰은 흥분을 가라앉힐 수 없었
다. 그는 날카로운 통찰력으로 패
러데이가 제시한 '장'과 '역선'의 진
정한 의미를 파악했다. 그래서 맥스
웰은 패러데이의 이론을 수학적으로
입증할 꿈을 품고 수학적 수단으로 패

맥스웰

러데이의 부족한 부분을 채워주기로 결심한다. 즉, 패러데이의 천재적인 아이디어인 '장'과 '역선'을 명확하면서도 정확한 수학 형식으로 이론화하기로 했다.

1856년, 맥스웰은 케임브리지에서 '전자기학 삼부곡' 중 첫 번째 논문인 《패러데이의 역선》을 발표했다. 그는 벡터미분방정식으로 전기력선을 설명해 수학과 전자기학을 완벽하게 결합시켰다. 이후 그는 《물리학의 역선에 관하여》, 《전자기장의 동역학 이론》을 잇달아 발표했는데 맥스웰방정식을 이용해 전자기장의 본질을 아름다운 현대 수학 형식으로 펼쳐보이며 물리학을 새로운 차원으로 끌어올렸다.

유조차는 왜 긴 쇠사슬을 끌면서 갈까?

정전 현상의 응용과 예방

생활 수준이 향상되면서 자동차는 일상으로 빠르게 파고들었다. 그런데 혹시 휘발유, 경유를 운반하는 유조차 꼬리 부분에 긴 쇠사슬이 달려있어 유조차가 지나는 길을 따라 '드르륵'거리며 바닥을 끄는 것을 본 적이 있는가? 설마 운전기사가 너무 게으른 탓에 바닥에 질질 끄는 쇠사슬을 보고도 내버려 둔 걸까? 당연히 아니다. 이 쇠사슬은 굉장히 중요한 역할을 한다.

유조차가 오일을 담고 운송하는 중에는 연료유와 오일탱크의 마찰과 충돌로 정전기가 발생하게 된다. 만약 이때 발생한 정전기를 제때 처리하지 않으면 일정 수준 이상으로 누적된 정전기가 스파크를 일으켜 폭발로 이어질 수 있다. 그래서 생각해낸 방법이 땅과 잇닿은 쇠사슬로 정전기를 흘려보내는 것이다.

유조차뿐만이 아니다. 비행기도 대기 중에서 비행할 때 공기와 마찰하면서 마찰전기를 띠게 되는데 착륙 과정에서 이 전기를 흘려보내지 않으면 지상 조업원이 다칠 수도 있다. 지상 조업원이 동체에 접근하면 사람과 기계 사이에 불꽃 방전이 일어나는데 심한 경우 그 자리에서 사람을 기절시킬 수도 있다. 이런 상황을 예방하기 위해 비행기 바퀴에 접지선을 장착하거나 바퀴를 전도성 고무로 제작해 착륙 시 동체의 정전기를 땅으로 흘려보낼 수 있게 한다.

어떻게 도선 하나 연결했다고 정전기를 흘려보낼 수 있는 걸까? 이는 정전기적 평형 상태로 설명할 수 있다.

유조차 아래 끌리는 쇠사슬도 첨단방전을 응용해 개발된 수많은 장치 중 하나다. 자연계에는 수많은 정전기가 존재하는데 번개도 그중 하나다. 이동으로 인한 마찰로 대전된 구름층이 지면 또는 건물과 방전 현상을 일으키면 에너지를 내놓는데 이 에

속이 빈 형태의 도체(접지 여부와 상관없이)가 전하를 띠게 되면 같은 종류의 전하는 서로 밀어내므로 도체 내부에는 전하가 없고 도체 외부 표면에만 전하가 분포해 정전기적 평형 상태가 된다. 도체가 정전기적 평형 상태에 놓이면 표면 위에 있는 모든 점에서의 전위차는 같으므로 도체의 빈 공간에서의 전기장은 항상 0이 된다. 또한 도체 외부 표면 형상 중 뾰족한 부위일수록 단위면적당 전하량(즉, 전하의 밀도)이 크므로 우묵한 곳은 거의 전하가 없다.

도체의 뾰족한 끝부분의 전하 밀도가 큰 까닭에 강력한 전기장을 형성해 공기를 양전하, 음전하를 띤 입자로 전리시키는데 도체의 뾰족한 끝부분의 전하와 상반되는 부호의 입자가 뾰족한 끝부분에 이끌려 그 부위의 전하와 중화된다. 이는 도체가 뾰족한 부분에서 전하를 잃는 것과 같은데 이를 '첨단방전'이라고 한다.

너지가 불꽃의 형식으로 나타나는 것이 번개다. 번개로 인한 건물 손상을 피하기 위해 고층 건물은 모두 피뢰침을 설치한다.

정전기는 쉽게 발생하고 높은 전압을 형성할 수 있기 때문에 생산 활동이나 일상생활에서 정전기로 인한 피해를 흔히 관찰할 수 있다. 예를 들어 정전기는 항공기 무선통신설비의 정상적인 작동을 저해한다. 또 정전기는 종이끼리 달라붙게 만들어 인쇄 작업을 어렵게 만든다. 제약 공장에서는 정전기가 끌어들인 먼지로 인해 약품 순도가 기준에 못 미치는 문제를 발생할 수 있다. TV 표면에 달라붙은 먼지는 화면 해상도와 밝기를 떨어뜨린다. 정전 불꽃은 가연성 물질을 점화시켜 폭발을 야기한다. 수술실에서 마취제 폭발을 일으키고 석탄 광산에서 가스 폭발을 일으키는 원흉도 바로 이 정전 불꽃이다.

그렇다면 어떻게 정전기로 인한 피해를 예방할 수 있을까? 예방법도 다양하다. 유조차 꼬리에 매달린 쇠사슬과 비행기 바퀴에 연결된 접지선 외에, 습도를 높이는 것도 정전기를 예방하는 데 효과적이고, 카펫에 스테인리스 선을 끼워 넣는 것도 정전기를 지면으로 전이시키는 데 도움이 된다.

모든 사물은 양면성이 있다. 정전기는 피해를 끼치기도 하지만 유용하게 쓰이기도 한다. 정전기를 응용한 사례는 무척 많은데 대부분 대전물질 미립자가 전기력의 작용으로 전극으로 향하게 하거나 전극에 흡착되게 하는 원리를 이용한다. 예를 들어 정전기 집진기는 연소가스 속 먼지를 제거할 수 있는데 주로 '전리구역'과 '집전구역'으로 구성되어 있다. 전리구역 근처의 공기 분자는 강자장에 의해 전자와 양이온으로 전리된다. 전리된 이온이 앞으로 이동하면서 연소가스 중 먼지를 만나 먼지를 대전시킨 다음 대전집진판에 흡착된다.

이런 원리로 집진기는 깨끗한 기체를 배출한다. 정전도장 중에는 페인트 미립자를 대전시켜 전력 작용으로 페인트 미립자가 전극이 되는 부품 쪽으로 날아가 부품 표면에 쌓이게 해 부품 도장 작업을 완성한다.

플록 가공Flock finishing은 섬유편(털)을 대전시켜 미리 접착제를 칠한 바탕천에 흡착시켜 자수와 비슷한 원단을 만들 수 있다. 정전기 복사기나 레이저 복사기의 경우, 프로그램은 복잡하지만 핵심 원리는 아주 간단하다. 즉, 정전기로 토너를 흡착해 복사 작업을 진행한다.

회로 연구의 기본 물리량
전류, 전압, 저항

전류

전류 개념은 전기학과 전자기 현상을 연구하는 데 중요한 의미를 지닌다. 운동하는 물체는 상대적으로 정지해 있을 때보다 그 본질과 다채로운 성질을 잘 드러낼 수 있기 때문이다. 전류의 발견과 연구 덕분에 전하에 대한 인식은 질적인 비약을 이뤘고 새로운 분야가 개척됐다. 또한 전기 현상과 다른 물리 현상의 내재적 관계 연구의 길이 열렸다.

전류는 전하가 일정한 방향으로 흐르는 현상으로 금속 도체 내에서의 전류는 자유전자의 일정한 방향으로의 이동으로 형성된다. 전류는 회로를 통과하면서 다양한 현상을 일으킨다. 전류는 전등의 열과 빛을 내고, 선풍기를 돌리고, 축전지를 충전시킨다. 전류는 엔진을 가동시켜 일을 하게 한다. 이 모든 현상은 전

갈바니

류가 여러 가지 특정 부품을 통과하면서 전기에너지를 다른 형태의 에너지로 전환시킨다는 사실을 보여준다.

최초로 전류를 발견한 사람은 이탈리아 볼로냐^Bologna 대학의 해부학 교수였던 루이지 갈바니^Luigi Galvani다. 1780년, 갈바니는 조수와 함께 개구리를 해부하다가 수술용 칼이 개구리의 신경에 닿으면 개구리 다리가 움찔한다는 것을 발견했다. 갈바니와 조수는 수백 번의 실험을 통해 결론을 내리고 볼로냐 대학 1791~1792년 업무 요록에 다음 내용을 정식으로 발표했다.

개구리 신경에서 전기가 나오고 해부용 칼이 도체가 되어 전도 작용을 하면서 전류를 형성한다.

갈바니는 이런 종류의 전기를 '동물전기'(현재는 생물전기라고 부름)라고 불렀다. 이로써 전류 연구의 서막이 열렸다.

휴대폰을 구매할 때 궁금해하는 것 중 하나가 배터리 사용 시간이다. 요즘 나오는 스마트폰은 기본적으로 하루에 한 번 충전하면 충분하지만 기종에 따라 몇 시간마다 충전해야 하는 것도 있다. 그래서 충전기를 휴대하고 다니며 필요할 때마다 휴대폰

전하는 일정한 방향으로 흘러 전류를 형성한다. 도체의 단면을 통과한 전하량과 경과 시간의 비를 '전류 강도(I)'라고 하며, 간단히 줄여서 '전류'라고 부른다.

이를 식으로 나타내면 $I = \dfrac{q}{t}$ 이며 SI 단위는 암페어(A)이고 상용 단위로는 밀리암페어(mA), 마이크로암페어(μA) 등이 있다. $1A = 1000mA = 10^6 μA$ 이다.

전류의 방향은 양의 전하가 움직이는 방향으로 규정되어 있다. 만약 전류를 형성하는 것이 일정한 방향으로 움직이는 음의 전하라면, 전류의 방향과 음전하의 이동 방향은 반대가 된다.

에 '밥'을 주는 사람들이 적지 않다. 휴대폰 배터리 사용 시간을 늘리기 위해 휴대폰 제조업체는 배터리 용량을 키우기 시작했다. 대부분의 배터리는 3,000mAh 정도이지만 대용량 배터리의 경우, 4,000mAh가 넘는다. 휴대폰 배터리, 충전기 뒷면에도 배터리 용량이 표시돼 있다. 그렇다면 mAh는 구체적으로 어떤 의미일까?

여기에서 h는 시간을 의미한다. 전류의 정의에 따라 4,000mAh는 4Ah, 즉 배터리 전하량이 $4 \times 3600 = 14,400C$라는 뜻이다. 다시 말해 배터리 용량을 표시하는 매개 변수는 배터리 내의 전하량을 의미한다. 4,000mAh는 배터리가 10mA 크기의 전류(휴대폰이 대기 상태일 때의 대략적인 수치)로 계속 외부로 전기를 공급할 경우, 400시간 동안 전기를 공급할 수 있다는 뜻으로 이해할 수 있다. 물론 실제로 사용할 때는 온도 등 수많은 요소가 배터리 사용 시간에 영향을 미친다.

흔히 볼 수 있는 전류는 '직류와 교류' 두 가지로 나뉜다. 휴대폰 배터리가 제공하는 전류는 직류이지만 훨씬 더 광범위하게 응용되는 것은 교류다. 똑같은 값의 교류와 직류에 감전됐을 때, 사람이 느끼는 정도가 다르다. 즉, 교류전류는 같은 값의 직류전류보다 인체에 대한 위험도가 크다. 보편적으로 사용하는 교류전류를 예로 들어 살펴보자.

전류가 0.5~1mA일 때, 손가락, 손목이 마비되거나 통증이 느껴진다. 8~10mA일 때, 찔린 느낌이 나고 감각 이상이 오거나, 통증이 심해지고 근육이 마비되기도 하지만, 그래도 대전체에서 스스로 벗어날 수는 있다. 그러나 20~30mA일 때는 온몸이 빠르게 마비되고, 대전체에서 스스로 벗어날 수 없으며, 혈압이 상승하고 호흡곤란이 온다. 50mA일 때는 호흡이 마비되고 심실 세동이 일어나 수초 안에 목숨을 잃는다. 한편 인체가 직류와 접촉했을 때 감지할 수 있는 전류는 평균 약 4mA이고, 스스로

벗어날 수 있는 평균 전류는 약 60mA이며, 심실 세동을 일으키는 전류는 지속시간이 30ms일 때 약 1.3A이고, 지속시간이 3s일 때는 약 500mA로 교류보다 그 수치가 훨씬 높다.

중고등과정 물리에서 사용하는 전류 측정 기구는 이중 측정 범위 전류계(접속하는 단자에 따라 측정 범위가 0~3A, 0~0.6A로 나뉨)다. 전류계를 사용할 때는 회로에 직렬로 연결해서 전류가 기기의 양극 단자로 들어가 음극 단자로 나오도록 해야 한다. 또한 전류계의 최대 측정 범위를 넘는 전류를 측정해서는 안 된다. 그러지 않으면 전류값을 측정할 수 없을 뿐만 아니라 바늘이 휘거나 심한 경우에는 전류계가 타버릴 수도 있다.

전압

전압은 회로 중에서 자유전하가 일정 방향으로 이동해 전류를 형성하는 원인으로 '전위차Potential difference'라고도 한다. 전위차는 전기 현상을 분석할 때 주로 쓰이고, '전압'은 회로 분석에 주로 쓰인다. 회로 속 전류는 물과 비슷한 흐름을 보인다. 물이 흐르려면 수압이 필요하듯 전류가 흐르려면 전압이 필요하다. 회로에서 전압을 제공하는 장치인 전원은 수압을 발생시키는 양수기와 비슷하다. 건전지, 납축전지, 리튬전지는 모두 직류 회로에서의 전원이다.

회로 중에 전원(또는 회로 양 끝에 전압 V가 있음)이 있고, 회로가 연결되어 있으면 지속적으로 전류를 얻을 수 있다. 전압의 SI 단위는 볼트(V)이고 상용 단위로는 킬로볼트(kV), 밀리볼트(mV), 마이크로볼트(μV) 등이 있다. 1kV=1,000V,

과일로도 전지를 만들 수 있다. 아연판과 구리판을 하나씩 준비해 오렌지에 꽂고, 전선 두 개의 한쪽 끝을 각각의 금속판에 연결한 다음, 반대쪽 끝을 혀의 위쪽과 아래쪽에 놓는다. 그러면 혓바닥이 마비되는 느낌과 함께 시큼한 맛이 느껴진다. 오렌지 전지가 제대로 작동한 것이다. 혀가 마비되는 게

레몬이나 다른 과일도 사용 가능

싫다면 전기 계량기로 테스트해도 된다. 만약 과일전지 한 개는 위력이 약하다고 생각된다면 여러 개를 준비해 직렬 연결해도 된다.

$1V = 1,000mV = 10^6 \mu V$이다. 건전지 양 끝단의 전압은 1.5V이고, 축전지 양 끝단의 전압은 2V, 가정용 회로Household Circuit의 교류전압은 220V이며, 공장에서 사용하는 전력 회로의 교류전압은 380V이다.

중고등과정 물리에서 사용하는 전압 측정 기구는 이중 측정

범위 전압계(접속하는 단자에 따라 측정 범위가 0~3V, 0~15V로 나뉨)다. 전압계를 사용할 때는 측량하는 전기 제품에 병렬로 연결해야 한다. 이 경우에도 전류가 양극 단자에서 전압계로 들

어가서 음극 단자에서 전압계를 나가도록 해야 한다. 또한 전압
계의 최대 측정 범위를 넘는 전압을 측정해서는 안 된다.

안전을 위해 전기 사용법을 제대로 숙지해야 한다. 인체에 안
전한 전압은 얼마일까? 중고등과정 물리 과목에서는 36V 이하
가 인체에 무해하다고 가르친다. 그러나 사실 이 수치는 일반적
인 경우에만 해당된다. 즉, 일반적인 환경에서 지속적으로 접촉
해도 되는 안전 전압이 36V 이하여야 한다는 말이다. 실제로는
여러 가지를 종합적으로 고려해 안전 전압 수치를 정해야 한다.
전압이 안전 수치를 초과할 때는 반드시 대전체에 대한 직접 접
촉을 방지할 보호조치를 취해야 한다. 나라마다 안전 규정이 다
른데, 중국의 경우는 다음과 같이 규정하고 있다.

• 특별히 위험한 환경에서 손에 쥐는 전동도구는 42V 전압 기
  준을 따른다.
• 전기 충격의 위험이 있는 환경에서 사용하는 손전등은 36V
  또는 24V 전압 기준을 따른다.
• 금속 용기 안, 습도가 매우 높은 환경에서 사용하는 손전등은
  12V 전압 기준을 따른다. 수중 작업 등 환경에서는 6V 전압
  기준을 따른다.

저항

물체는 '도체, 절연체, 반도체'로 나뉜다. 이는 어떤 성질에 따라 분류한 것일까?

전기 연구를 시작한 이래, 인류는 회로 속에서 각종 물질의 전류에 대한 영향을 실험했다. 그 결과, 물질마다 전기전도성이 다르다는 직관적인 결론을 얻었다. 전기전도성이 좋은 물질을 '도체'라고 하고 전기전도성이 나쁘거나 전도성이 없는 물질을 '절연체'라고 하며, 전도성이 도체와 절연체 사이에 있는 물질을 '반도체'라고 한다. 전도성의 좋고 나쁨을 나타내기 위해 저항과 전기 저항률(비저항)의 개념이 제시됐다.

> **지식 카드**
>
> 모든 도체는 회로 속에서 전하의 흐름을 방해한다. 그 크기를 저항(R)으로 표시하는데 SI 단위는 옴(Ω)이며 상용 단위로는 킬로옴(kΩ), 메가옴(MΩ) 등이 있다. 저항의 역수 1/R은 전도도(conductance)이고, SI 단위는 지멘스(S)를 사용한다. 도체의 저항이 클수록 전류에 대한 방해 작용도 크다.

저항은 도체 자체의 성질로 도체 전도성을 표현하는 물리량이다. 저항의 크기는 도체를 이루는 물질, 길이, 횡단면적, 온도 등에 의해 결정된다. 저항의 크기는 $R = \rho \dfrac{l}{S}$로 표시한다. 이 중

ρ는 비저항(전기 저항률)으로 도체 전도성을 나타내는 매개 변수다. 서로 다른 물질의 ρ는 각기 다르다. l은 도체의 길이, S는 도체의 단면적이다.

금속은 저항률이 작은 편이라서 도선을 만들기에 적합하다. 흔히 볼 수 있는 금속 도체 중에서 전도성이 가장 좋은 것은 은이지만 가격이 비싸기 때문에 일반적으로는 은 대신 전도성이 비교적 우수한 구리, 알루미늄을 사용한다. 도체와 절연체를 구분하는 절대적인 기준은 없다. 조건에 따라 절연체의 전도성이 강해질 수도 있고 도체로 변할 수도 있다. 예를 들어 습기를 잔뜩 머금은 목재나 시뻘겋게 가열된 유리가 그러하다.

상온에서 일부 도체의 저항

도체	저항(Ω)
손전등 전구 필라멘트	1~20
가정용 백열등 필라멘트	100~10000
실험실 구리선	<0.1
전류계 내부 저항	<1
전압계 내부 저항	1000~100000
인체(건조한 환경에서)	2000
인체(땀이 났을 때)	1000

저항은 온도와도 관련이 있다. 저항을 낮추려면 온도를 높여

야 할까? 아니면 온도를 낮춰야 할까? 정답은 '온도를 낮춰야 한다'이다. 일부 도체는 온도가 매우 낮은 환경에서, 예를 들어 수은의 경우 -268.98℃ 이하로 냉각시키면 저항이 0이 된다. 즉, 저온 초전도현상이 나타난다. 이런 물질을 '초전도 물질'이라고 하고, 초전도 물질의 저항이 0이 될 때 온도를 '초전도 임계 온도'라고 한다. 현재는 액체 질소 냉각 환경에서만 초전도체를 응용할 수 있다. 과학자들은 초전도 임계 온도를 높이고 적용 가능한 초전도 물질을 찾기 위해 노력하고 있다. 상온에서 초전도 현상을 응용할 수 있다면 지금과는 전혀 다른 세상을 보게 될 것이다. 현재 중국에서 초전도 기술에 관한 각종 연구가 정상 궤도에 들어갔으며 일부 분야의 연구개발 수준은 이미 세계적인 수준에 도달했다.

너무 추워! 추워서 둥둥 뜰 지경이야!

저항은 '고정 저항'과 '가변 저항(가감 저항기)'으로 나눌 수 있다. 가감 저항기는 회로 연구에서 광범위하게 쓰이는데 저항을 바꿈으로써 회로 속 전류를 바꿀 수 있다. 흔히 사용되는 가감 저항기에는 슬라이드 저항기와 저항 상자가 있다. 슬라이드 저항기는 회로에 접속하는 저항선 길이에 변화를 줘 저항을 바꾼다. 실제 회로에서는 면적이 작은 전위차계가 슬라이드 저항기를 대신한다. 슬라이드 저항기의 장점은 회로에 접속하는 저항을 연속해서 바꿀 수 있다는 것이고, 단점은 회로에 접속하는 전기 저항값을 읽을 수 없다는 것이다. 이와 반대로 저항 상자는 회로에 접속하는 저항값을 읽을 수 있다는 장점이 있지만, 회로에 접속하는 저항을 연속해서 바꿀 수 없다는 단점이 있다.

고정 저항의 색띠는
전기 저항값을 의미

전위차계의 일종인데, 위쪽 부분이
몹시 눈에 익지 않은가?

옴의 법칙과 줄의 법칙

옴의 법칙

옴(G. S. Ohm)

옴$^{Georg\ Simon\ Ohm}$은 독일의 물리학자로 '저항이 일정할 때, 전류와 전압이 서로 비례한다'는 '옴의 법칙'을 발견했다. 또한 도체의 저항이 그 길이와 저항률에 비례하며 단면적에 반비례한다는 사실도 증명했다.

SI 단위계 중, 저항의 단위인 '옴(Ω)'은 옴^{Ohm}의 이름을 딴 것이다. 옴은 오랜 시간 중학교 교사로 일했는데 자료와 실험 도구가 부족해 연구에 애를 먹었다. 그러나 외롭고 힘든 환경에서도 연구에 매진했으며 필요한 실험 도구는 직접 만들어 쓰는 열정을 보였다.

옴의 법칙이 세상에 발표되었을 때, 대다수 물리학자는 이 위대한 발견을 제대로 이해하지 못해 평가하지 못했으며, 오히려 의문을 던지고, 신랄한 비판을 쏟아냈다. 지난한 연구 끝에 얻은 성과가 외면당한데다 경제적 어려움까지 더해지자 그는 깊은 우울감에 빠졌다. 그러다 1841년, 영국 왕립학회가 최고의 영예를 상징하는 코플리 메달Copley Medal을 옴에게 수여하면서 마침내 옴의 연구는 독일 과학계의 인정을 받게 되었다.

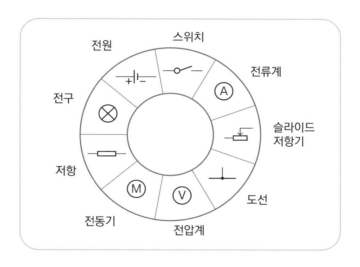

옴의 법칙을 배우기 전에 먼저 회로도 표시 방법부터 간단히 알아보자.

회로 속의 규칙을 간결하게 표기하기 위해, 일부 전기학 물리량과 상용 소자를 정해진 약속에 따라 동일한 기호로 표시해야 옴의 법칙은 '부분 회로' 옴의 법칙과 '폐회로' 옴의 법칙을 포함한다. 부분 회로는 저항 회로의 일부분으로 전원이 포함되지 않은 외부 회로 또는 외부 회로의 일부이다. 부분 회로 옴의 법칙은 다음과 같다.

'전류의 세기는 회로의 두 점 사이의 전압(전위차)에 비례하고 전기 저항에 반비례한다. 이를 식으로 나타내면 $I=\dfrac{V}{R}$이다.' 부분 회로에 대응되는 폐회로는 '전회로'라고도 하는데 전원을 포함하고 있으며, 내부 회로와 외부 회로, 두 부분으로 이루어진다. 전하는 폐회로를 따라 한 바퀴를 돌고 나서 제자리로 돌아온다. 폐회로 옴의 법칙은 다음과 같다.

'폐회로의 전류는 전원 기전력 E에 비례하고 내부와 외부 회로 저항의 합에 반비례한다. 이를 식으로 나타내면 $I=\dfrac{E}{R+r}$이다.'

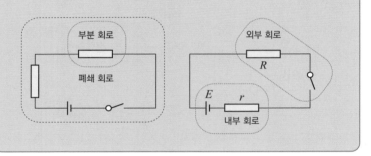

한다. 국제적으로 통용되는 이런 기호는 간결하고 직관적이어서 전기학 연구의 소통 효율을 높일 수 있다.

소자의 연결 상태를 부품 기호로 나타낸 그림을 '회로도'라고 한다. 회로도는 소자의 연결 관계를 보여줄 뿐만 아니라, 설계자의 의도를 명확하게 드러낸다. 이런 기초적인 표시 방법을 이해했다면 이제 옴의 법칙을 알아보자.

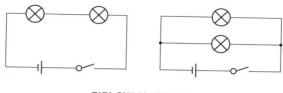

직렬 회로와 병렬 회로

기전력은 전원이 다른 형식의 에너지를 전기에너지로 전환시키는 능력을 반영하는데, E로 표시하고 단위는 볼트(V)이다. 기전력은 전원 양 끝단에서 전위차를 발생시킨다. 폐회로 옴의 법칙에 따르면 전원의 기전력은 내외부 전압의 합과 같다.

앞에서 언급했듯이 중국 정부가 규정한 안전 전압의 기준은 50V 이하이다. 이 값은 어떻게 구한 것일까? 예를 들어 인체가 견딜 수 있는 교류 전류의 최고치는 30mA이고 인체 저항 평균치는 1,700Ω이다. 옴의 법칙으로 계산했을 때 교류 안전전압의 상한값은 얼마인가?

실제 사례를 분석해보자.

도로 위나 들판에서 새떼가 수만 볼트 고압전선 위에 앉아있는 광경을 자주 볼 수 있는데 하나같이 감전되기는커녕 여유로운 모습이다. 어떻게 이럴 수 있을까? 그 이유는 송전용 고압전선의 전압은 전깃줄 두 개 사이의 전압이지 새의 두 발 사이의 전압이 아니기 때문이다. 새는 몸집이 작은 편이라 전선 하나에도 넉넉히 앉을 수 있다. 이때 두 발 사이의 저항은 0에 가깝다. 옴의 법칙에 따라, 새의 두 발 사이의 전압도 0에 가까워 새의 몸속으로는 전류가 통과하지 않기 때문에 감전되지 않는다. 전기 작업자가 고압전선에서 작업을 할 때 동시에 전선 두 줄을 접촉하지 않는 것도 바로 이 때문이다. 그러나 만약 뱀이라면 문제가 심각해진다. 뱀은 몸길이가 길기 때문에 고압전선을 타고 올라간 뒤에 전깃줄 두 개에 몸통이 닿게 된다. 그러면 눈 깜짝할 사이에 새까맣게 타고 만다. 배전실에 들어간 쥐가 감전사하는 것도 같은 이치다.

중고등과정에서 옴의 법칙은 일반적으로 '전압강하법(전압 전류계법)'을 사용해 연구한다. 전압강하법은 저항을 측정하는 보편적인 방법이다. 옴의 법칙 변형식 $R=V/I$를 이용해 저항값을 측정하는데 전압을 전류로 나누기 때문에 전압강하법이라고 한다. 전압강하법을 이용하는 경우, 전압계와 전류계의 접속 방법이 두 가지로 나뉜다. 피측정 미지저항값이 클 것으로 예상되는 경우, 전류계를 미지저항에 직렬로 접속한 다음 전압계를 병렬로 접속한다. 반면 피측정 미지저항값이 작을 것으로 예상되는 경우, 우선 전압계를 병렬로 접속한 다음 전류계를 직렬로 접속한다.

"야, 침착해! 전깃줄 하나에만 닿으면 무사해!"

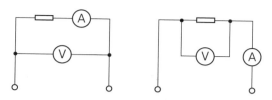

전압강하법의 고저항 측정 회로와 저저항 측정 회로

전압강하법과 다른 여러 가지 방법으로 저항에 대한 연구가 진행됐다. 어떠한 저항에 대해서든, 그 양 끝의 전압을 가로축으로 하고 이에 대응하는, 도체를 통과하는 전류를 세로축으로 하면 전류와 전압의 관계도를 그릴 수 있는데, 이를 '저항의 전압 전류 특성'이라고 한다. 각 부품의 전압 전류 특성은 서로 다르다. 예를 들어 금속 도체의 전압 전류 특성은 기울어진 직선 형태를 띠기 때문에 금속 도체를 '선형 소자' 또는 '옴 소자'라고 부른다. 반면 반도체의 전압 전류 특성도는 곡선이기 때문에 반도체를 '비선형 소자'라고 부른다.

줄의 법칙

자녀의 TV 시청을 못마땅하게 생각하는 부모가 많다. 이럴 때는 어떻게 해야 하나? 이때부터 아이와 부모의 '숨바꼭질'이 시작된다. 아이는 부모가 현관문을 닫고 나가자마자 TV를 켜고 다시 현관문이 열리는 소리가 나자마자 곧바로 TV를 끈다. 하지만 노련한 부모는 아이가 TV를 시청했는지 단박에 알아낼 수

눈 건강은 아주 중요해.
TV 시청은 적당히!

있다. 어떻게 알 수 있을까? TV 백커버가 따뜻한지만 확인하면 된다. 물리학적으로 설명하자면, 전류가 흐른 전자제품은 반드시 열이 생성된다. 줄의 법칙은 전류에 의한 발열 효과를 정량적으로 설명한다.

전열기는 전류의 열효과를 이용해 열을 가하는 설비로 전기밥솥, 전기다리미, 전기장판, 전기스토브, 전기히터 등이 있다. 한번 생각해보자. 전기스토브를 사용할 때, 어째서 전기스토브 코일은 빨갛게 변할 정도로 열이 나는데 도선에서 발생하는 열은 미미한 수준일까?

지식 카드

도체 내에 흐르는 정상 전류에 의해서 발생하는 열의 양은 흐르는 전류의 제곱과 도체의 저항 및 전류가 흐른 시간의 곱에 비례한다. 이 법칙은 영국 과학자 줄이 처음으로 발견했기 때문에 '줄의 법칙'이라고 부른다. 줄의 법칙을 공식으로 표현하면 $Q=I^2Rt$이며 이 중 Q는 발열량으로 단위는 줄(J)이다.

줄의 법칙은 실험법칙으로 일부 도체 및 모든 회로에 적용할 수 있다. 1841년, 24살의 줄$^{James\ Prescott\ Joule}$은 전류가 흐르는 도체

가 열을 생성하는 문제에 대한 본격적인 연구에 착수했다. 줄은 아버지의 방 하나를 실험실로 개조해 틈날 때마다 실험실에 들어가 연구에 몰두했다.

먼저 저항 코일을 유리관 위에 돌돌 감아 전열기를 만들어 유리병 속에 넣고, 이 병에 일정 질량의 물을 담았다. 줄은 전열기에 전류를 흘리면서 시간을 쟀는데 깃털로 물을 살살 저어 수온을 일정하게 맞췄다. 물속에 꽂아둔 온도계로 수온의 변화를 수시로 관찰하고 전류의 세기를 측정했다. 줄은 400번 이상 실험을 실시해 전류가 생성시킨 열이 저항, 전류 크기, 시간과 정량 관계가 있음을 확실하게 알아내 지금의 '줄의 법칙'을 얻었다.

줄은 이 실험에 관한 논문을 작성해 1841년 영국 《철학 저널》에 발표했다. 그러나 당시 줄은 양조장을 운영하던 상인에 불과했고 대학 학위도 없었기 때문에 아무도 그의 논문에 관심을 갖지 않았다. 하지만 1년 뒤, 러시아 상트페테르부르크 과학원 원사였던 하인리히 렌츠$^{Heinrich\ Lenz}$가 전기와 열에 관련된 실험을 실시해 줄과 똑같은 결론을 얻으면서 줄의 논문도 가치를 인정받게 되었다. 이 법칙은 '줄의 법칙' 또는 '줄-렌츠의 법칙'이라고 불리게 되었다.

줄의 법칙을 이해했다면 전기스토브 코일은 빨갛게 변하는데 도선에서 발생하는 열은 미미한 이유를 이해할 수 있을 것이다. 도선과 전기스토브 코일은 직렬로 연결돼 있어 전류가 똑같다.

지금은 줄의 법칙을 탐구하기가 쉬워졌다. 전용 실험기구가 나왔기 때문이다. 줄의 법칙을 탐구하는 방법을 '변수 제어법'이라고 하는데 이 방법으로 다음 내용을 탐구할 수 있다.

• 전류와 저항을 일정하게 제어하고 발열량과 시간의 관계를 알아본다.
• 시간과 저항을 일정하게 제어하고 전류의 세기를 변화시켜 발열량과 전류의 관계를 알아본다.
• 시간과 전류를 일정하게 제어하고 저항의 크기를 변화시켜 발열량과 저항의 관계를 알아본다.

변수 제어법은 이미 알고 있는 양을 이해함으로써 알지 못하는 양을 예측할 때의 오차를 줄인다. 이는 과학 연구와 실험 추리에서 요긴하게 쓰이는 방법으로 어쩌면 훗날 여러분이 실험 연구를 진행할 때 쓰게 될 수도 있다.

전기스토브 코일은 주로 발열체로 구성되어 있는데 발열체는 저항이 크고 융해점이 높은 저항 코일을 절연 소재에 감아 만들기 때문에 도선의 저항보다 저항이 훨씬 크다. 줄의 법칙에 따라 단위 시간 내에 전기스토브 코일이 생성한 열량은 도선이 생성한 열량보다 훨씬 많다. 그래서 전기스토브 코일은 빨갛게 변할 정도로 뜨거워지지만 도선의 열 변화는 거의 없다.

일상생활과 여러 곳에서 전열기가 많이 이용된다. 열수기, 양계장 부화기 등이 좋은 예이다. 그러나 대개의 경우, 전열기 온도가 지나치게 높은 것은 원하지 않는다. TV, 모니터 백커버에 뚫려있는 무수히 많은 작은 구멍은 열을 발산하는 통로다. 컴퓨터는 CPU 과열을 막기 위해 수시로 팬을 돌려 열을 발산시킨다.

전기에너지를 소모하는 과정은 전류가 일을 하는 과정이자 전기에너지가 다른 형식의 에너지로 전환되는 과정이다. 전류가 하는 일은 부분 회로 양 끝의 전압 V와 회로 속 전류 I, 그리고 단위 시간 t의 제곱과 같으며 이를 공식으로 표시하면 $W=VIt$이다.

전력과 전열의 관계는 $W \geq Q$이다. 전기스토브 회로와 모터를 가진 회로에서의 전기에너지 전환 상황은 전혀 다르다. 전기스토브회로는 모든 전기에너지를 내부에너지로 전환해서 열을 생성하는 데 전부 사용한다. 이런 회로를 '순저항회로'라고 한다. 반면 모터를 포함한 회로에서 전기에너지는 주로 모터가 구동되는 역학적 에너지로 전환되고, 소량의 전기에너지만 모터의 내부에너지로 전환된다. 이런 회로를 '비순저항회로'라고 한다. 순저항회로는 $VIt=I^2Rt$, 즉 $V=IR$이다. 반면 비순저항회로는 $VIt>I^2Rt$, 즉 $V>IR$이다.

따라서 전력과 전열의 관계에서 알 수 있듯이 옴의 법칙은 순저항회로에 적용되며 비순저항회로에 대해서는 성립되지 않는다. 일상생활에서 쓰이는 대다수 전기 기구 회로는 비순저항회로인데 반대의 경우를 생각하면 그 이유를 바로 알 수 있다. 예를 들어 더운 여름에는 시원한 바람으로 온도를 낮춰야 한다. 선풍기를 작동시켰는데 선풍기가 열만 생성한다면 어떻게 되겠는가?

줄

줄은 양조장을 운영하는 부유한 집안에서 태어났지만 어려서부터 가업을 이어받았기 때문에 체계적인 교육을 받지 못했다. 그러다가 우연한 기회로 영국의 저명한 화학자이자 '원자론의 창시자'인 존 돌턴John Dalton을 만나게 된다. 어린 나이에 학업을 중단한 돌턴은 자수성가한 화학자였다. 그는 독학으로 초등 교사가 되었다가 중등 교사를 거쳐 대학교수가 되었다. 이런 돌턴의 인생 여정은 줄에게 큰 영향을 미쳤다. 줄은 돌턴 같은 사람이 되기 위해 실험으로 과학을 연구하는 실험과학자가 되었다.

누구나 한 번쯤 들어봤을 줄의 법칙 외에, 줄은 열과 일의 전환 관계를 발견해 이를 통해 에너지 보존의 법칙을 얻었고 이 법칙은 결국 '열역학 제1법칙'으로 발전했다. SI 단위 중 에너지 단위는 줄인데, 이는 과학자 줄의 이름을 딴 것이다. 옴과 줄, 이 두 과학자의 지칠 줄 모르는 탐구 열정은 학문의 길에 들어선 모든 이에게 큰 교훈을 준다.

전기와 자기의 연관성(1)

사람들은 오래전부터 전기 현상과 자기 현상에 비슷한 점이 많음을 알고 있었다. 전기와 자기 사이에 어떤 신비한 관계가 있음을 증명하는 사건들도 많았다.

1681년 7월, 대서양을 항해 중이던 상선이 벼락을 맞았는데 배에 있던 나침반 세 개가 모두 고장 났다. 그중 두 개는 자성이 없어졌고 나머지 한 개는 자침의 남북 방향이 바뀌었다. 1731년 7월, 영국의 한 상인은 벼락이 친 뒤 금속으로 만들어진 식기가 자성을 띤다는 사실을 발견했다. 1751년, 미국 물리학자 프랭클린은 라이덴병(대전된 입자를 축적하여 방전 실험을 실행하는 장치)을 방전시키면 근처에 있는 바늘이 자화되는 것을 발견했다.

물론 이런 연관성을 인정하지 않는 사람들도 있었다. 쿨롱은 전기력과 자기력이 거리 제곱과 반비례한다는 사실을 발견했지만, 전기와 자기 사이에는 아무런 연관성
이 없고 서로 전환될 수도 없다고 생
각했다. 그러나 이런 연관성을 지지
하는 사람들도 많아 수많은 과학자
가 전기와 자기의 연관성을 찾기 위
해 고군분투했다. 19세기 초, 마침내 소
기의 성과를 거두게 되었는데 이를 상징
하는 것이 바로 외르스테드 실험이다.

외르스테드

1820년 4월의 어느 날 저녁, 덴마크 물리학자 외르스테드 Hans Christian Oersted는 코펜하겐에서 강의를 하고 있었다. 그는 학생들 앞에서 전기학 실험을 시연하다가 문득 전류가 흐르는 도선 가까이에 있는 작은 자침 하나가 흔들리는 것을 발견했다. 자침의 흔들림이 명확하지 않았기 때문에 학생들은 대수롭지 않게 생각했지만 외르스테드는 무척 기뻐했다. 얼마나 흥분했던지 강단에서 발을 헛디뎌 넘어지고 말았다. 당연한 일이었다. 수년간 그를 괴롭혔던, 전류가 자기장을 만들 수 있음을 증명할 수 있는 결정적인 증거를 마침내 찾은 것이다!

그 후 외르스테드는 3개월 동안 수십 차례에 걸쳐 반복 실험을 한 끝에 전류가 흐르는 도선 근처에 동심원 모양의 자기장이 형성된다는, 다시 말해 전류에서 자기장이 만들어진다는 사실을 증명했다. 외르스테드는 이 실험 성과를 〈전류가 자침에 미치는 영향에 관한 실험〉이라는 제목의 논문으로 작성해 프랑스의 《화학과 물리학 연감》에 발표했다. 단 네 장짜리 이 논문에는 수식도, 개요도도 없었지만 간결한 글 몇 줄로 인류가 마침내 전기와 자기의 전환 관계를 알아냈음을 전 세계에 알렸다.

외르스테드의 연구 성과에 온 과학계가 환호했다. 물리 교사 경력이 있는 프랑스의 유명한 생물학자이자 《파브르 곤충기》의 저자 파브르는 "기회는 준비된 자에게 찾아온다."라고 말했다. 우연으로 보일 수도 있는 발견이었지만 13년 동안이나 전기와 자기의 연관성을 연구해온 외르스테드에게는 필연적인 성과였다.

지식 카드

> 외르스테드 실험은 전류의 자기 효과를 보여주는 것으로, 전류가 흐르는 도선 주위에 자기장이 존재하며 자기장의 방향은 전류의 방향과 관련이 있음을 분명하게 나타낸다. 자기장의 세기와 방향은 자속밀도(B)로 반영하는데 자속밀도는 자기장 자체로 결정되며 단위는 테슬라(T, Tesla)이다. 자속밀도는 벡터량으로 그 방향이 자기장의 방향이며 이 점에 놓인 자침 N극이 받는 자기력 방향과 일치한다.

전류의 자기 효과를 응용한 전형적인 사례는 전자석과 전자 계전기다. 전류가 흐르는 도선을 나선형으로 감고, 가운데 빈 부분에 적합한 철심을 꽂으면 전자석이 만들어진다. 전류가 흐르

는 나선형 관 안에 꽂은 철심은 나선형 관의 자기장에 의해 자화되며 자화된 이후의 철심도 자성체가 된다. 이렇게 되면 자기장 두 개가 겹쳐져 자성이 훨씬 강해진다. 전자석은 전류를 끊으면 자성을 잃고, 전류가 흐르면 자성을 가진다.

자성의 세기는 전류 세기, 코일의 감긴 수(코일이 얼마나 감겨 있는지 나타내는 수) 등에 의해 달라진다. 영구자석에 비해, 전자석은 전류 방향을 통해 자기극을 제어할 수 있고, 전류를 통해 자성 유무를 제어할 수 있으며, 전류 세기를 통해 자성의 세기를 통제할 수 있다는 등의 장점이 있어 광범위하게 사용된다.

예를 들어 전자석 기중기는 강철 자재를 옮기는 장비인데 전자석이 발생시키는 강력한 자기력을 이용해 많은 양의 무거운 자재(철판, 철사, 쇠못, 폐철 등)를 따로 묶을 필요 없이 모아서 옮길 수 있다. 이는 제강, 폐강철 회수 작업을 대폭 간소화시키는 장비다.

전자석으로 전자계전기도 만든다. 전자계전기는 자동 제어를 실현하는 데 필수적인 전기학 부품 중 하나로, 독립 회로 두 개(일반적으로 저압 제어 회로와 고압 작업 회로)로 구성된다. 저압 제어 회로, 즉 전자석 회로는 전자석과 센서 부품들로 이루어진다. 계전기를 실제 회로에 접속하면 특정 조건에 따라 전자석 회로를 on/off 즉, 자성의 유무를 제어할 수 있게 된다. 이는 접점을 이동시켜 고압 작업 회로의 on/off를 제어할 수 있게 된다. 높은 전압과 강한 전류가 흐르는 회로를 직접 제어하거나 조작하는 것은 위험천만한 일인데 전자계전기를 사용하면 이 문제를 간단히 해결할 수 있다. '저압으로 고압을 제어하고 약전으로 강전을 제어'할 수 있게 해주는 전자계전기는 작지만 강한 부품이다.

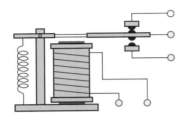

전자기력과 로렌츠 힘

자기장 내의 작용력

자성체 간 끌어당기고 밀어내는 작용은 자기장을 통해 이루어진다. 외르스테드 실험에서 전류 주위에 자기장이 있음이 밝혀졌으니, 당연히 전류와 자기장, 전류와 전류 사이에도 상호 작용이 있을 것이라고 생각할 수 있다. 전류에 대한 자기장의 작용을 이용해 전기로 구동되고 연속으로 회전할 수 있는 장치가 만들어졌는데 바로 전동기다.

오늘날 전동기의 시초가 되는 기구는 1821년에 패러데이가 제작한 '호모폴라 전동기'다. 이 전동기는 수은컵 속에 고정된 자석(또는 고정된 도선)으로 고정된 도선(또는 고정된 자석)을 감아 연속으로 회전하게 만든 장치다.

1828년, 물리학자 아뇨시 예들리크^{Ányos Jedlik}는 세계 최초의 전동기를 발명했다. 이 전동기는 '고정자, 회전자, 정류자' 이 세 부분으로 구성되어 있는데 전자기를 이용해 회전하는 직류전동기로서 수은정류기, 영구자석으로 발생시킨 고정 자기장, 전기자 권선(코일)의 회전을 이용했다. 이 전동기는 훗날 부다페스트 응용박물관^Museum of Applied Arts에 전시되었는데 지금도 구동이 가능하다.

1873년, 벨기에의 전기학자 그람^ZAnobe ThAophile Gramme이 최초의 고출력 전동기를 발명하면서 전동기가 공업 생산 분야에 광범위하게 응용되기 시작했다. 현재 PC 자기디스크 속의 소출력 전동기부터 공장 선반, 초고속 열차에 사용하는 고출력 전동기까지, 다양한 전동기가 일상생활 곳곳에서 대체불가능한 역할을 맡고 있다. 어떤 유형의 전동기이든, '자기장 속에 전류가 흐를 때 전류에 작용하는 힘'이라는 기본 원리를 따른다.

그렇다면 어째서 자기장은 전류가 흐르는 도선에 대해 작용력을 일으킬까? 전류는 전하가 일정한 방향으로 운동해 형성되기 때문에 결국 전자기력은 운동하는 모든 전하가 받는 자기력의 거시적인 표현이라고 볼 수 있다.

지식 카드

> 운동하는 전하가 자기장 속에서 받는 작용력을 '로렌츠 힘'이라고 한다. 네덜란드 물리학자 로렌츠(Hendrik Antoon Lorentz)가 최초로 제기했기 때문에 그의 이름을 따서 로렌츠 힘이라고 부른다.
> 전자기력과 전류의 미시적인 공식에서 로렌츠 힘의 관계식 $f=qvB\sin\theta$ 을 유도할 수 있다. 이 식에서 θ는 v와 B의 끼인각이다. 만약 운동하는 전하의 속도가 자기장 방향과 수직이라면 로렌츠 힘을 받아 $f=qvB$이고, 운동하는 전하의 속도가 자기장 방향과 평행하다면 로렌츠 힘의 작용을 받지 않는다.

이론적으로, 수직으로 자기장 속에 들어온 운동하는 전하는 로렌츠 힘의 작용만으로 등속원운동을 할 텐데, 뉴턴의 제2법칙에 따라 그 반지름과 주기를 구할 수 있다($qvB=mv^2/r$, $\mathrm{T}=2\pi r/v$).

지구 고위도 지역에서는 로렌츠 힘의 작용 효과인 '오로라'를 볼 수 있다. 지구는 거대한 자성체로 지구 자기장은 (주로 태양으로부터 오는) 우주방사선을 막아 지구가 우주방사선 안의 고에너지입자에 직접적으로 노출되지 않도록 보호해준다. 바로 '로렌츠 힘'에 의해서 말이다. 신비롭고 다채로운 오로라는 태양에서 우주 공간으로 쏟아져 나가는 대전 입자의 흐름, 즉 태양풍^{Solar}

wind이 대기 중 분자나 원자를 이온화 및 들뜸 상태로 만들어 오로라를 발생시킨다. 오로라는 주로 지구의 양극 지방 상공에서 관찰되는데 그 이유는 지구 자기장이 일으킨 로렌츠 힘이 대전 입자를 극지방 쪽으로 운동하도록 유도하기 때문이다. 사실 오로라가 발생하는 조건은 고에너지 대전입자, 대기 환경, 자기장, 이 세 가지로, 셋 중 하나라도 없으면 오로라가 발생하지 않는다.

전기와 자기의 연관성(2)

　전기와 자기는 연관돼 있다. 전기는 자기장을 형성할 수 있는데 자기는 전기를 만들어낼 수 있을까? 이는 외르스테드 실험 이후 과학자들의 연구 열정을 자극하는 문제가 되었다. 1821년, 전자기 회전 실험의 성공으로 패러데이는 이 문제를 해결할 수 있다고 확신했다. 사물의 구조가 대칭이라고 믿었기 때문이다. 게다가 더 중요한 이유가 있었다. 그 당시 사람들은 주로 볼타전지로 전류를 얻었는데 볼타전지는 제조원가가 너무 비싼데다 전력도 부족했기 때문에 전류를 생산하는 새로운 장치를 만들어낸다면 여러 분야의 발전에 크게 이바지할 터였다. 그래서 패러데이는 10년 동안 꿋꿋이 연구에 매진해 마침내 노력에 대한 정당한 대가를 받게 되었다.

　1831년 11월 말, 패러데이는 논문을 작성해 영국왕립학회에

이 실험 결과를 보고했다. 여기에는 변화된 전류, 변화된 자기장, 운동하는 정상 전류, 운동하는 자석, 자기장 속에서 운동하는 도체, 이 다섯 가지 전류를 발생시키는 조건이 기술되어 있었다. 패러데이는 이 현상을 '전자기 유도'라고 불렀고 이때 생성된 전류를 유도 전류라고 한다.

지식 카드

어떤 면적 S를 통과하는 자기력선 개수가 몇 개인지는 자속 $\varPhi$로 표시하고 균일 자기장 안에서의 $\varPhi = BS_\perp$이며 단위는 웨버(Weber, Wb)다. 동일한 단면에 대해 이 단면이 자기장 방향과 수직일 경우, 이 면을 통과하는 자기력선의 최대 개수가 얼마냐에 따라 최대 자속이 결정된다.
반면 이 면이 자기장 방향과 평행할 경우($S_\perp = 0$), 통과하는 자기력선이 없어 자속은 0이다. 폐회로를 지나는 자속에 변화가 생기기만 하면 폐회로 속에 유도 전류가 생긴다. 회로를 지나는 자속에는 변화가 생겼으나 회로가 닫혀있지 않은 경우, 회로 속에 유도기전력은 있지만 유도 전류는 없다.

전자기 유도의 조건에 대해 이렇게 간결하게 설명할 수 있는 것은 '자속'이라는 개념을 썼기 때문이다. 자속은 자기력선의 개수인데 자속의 변화 유무는 전자기 유도 현상 발생 유무를 판단하는 근거가 된다. 만약 코일이 균일 자기장에서 상하 또는 좌우로 이동해도 자속이 변하지 않기 때문에 유도 전류가 생기지 않는다. 그러나 코일 면적이 커지거나 작아지면 자속이 변해서 유도 전류가 생긴다.

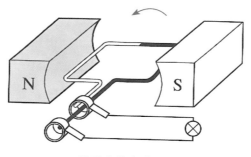

발전기 원리 개요도

전자기 유도 현상을 응용한 최고의 발명품을 든다면 발전기
가 첫손에 꼽힐 것이다. 패러데이는 전자기 유도 현상을 발견하
고 얼마 지나지 않아 이 현상을 이용해 세계 최초의 발전기인
'패러데이 원반 발전기'를 발명했다. 이 발전기는 U자형 말굽자
석의 자기장 속에 구리원반을 놓고 원반의 가장자리와 중심(크

패러데이의 청소년 과학 강좌에 구름처럼 몰린 청중

랭크가 고정되어 있음)에 각각 구리 브러시를 밀착시키고 브러시와 전류계를 도선으로 연결했다. 크랭크를 돌려 구리원반을 회전시키면 전류계의 바늘이 기울기 시작한다. 이는 회로에 지속적인 전류가 생겨났음을 의미한다.

발전기는 역학적 에너지를 전기에너지로 바꾸는 장치로 일상생활과 생산 현장에서 광범위하게 사용된다. 발전기는 다양하게 분류할 수 있다. 예를 들어 발전 종류로 분류하면 직류발전기와 교류발전기로 나눠진다. 그러나 종류에 상관없이 모든 발전기는 전자기 유도 현상 속 물리 법칙을 따른다.

전자기 유도 현상은 획기적인 발견이었다. 이로써 전기와 자기의 본질적인 관계가 더 확실히 밝혀졌고, 역학적 에너지와 전기에너지 사이의 전환 방법도 찾아냈다. 실생활에서 다양하게 응용되면서 전기가 핵심 에너지가 되는 전기화^{Electrification} 시대의 서막을 열었으며, 이론적으로는 전자기장 이론 체계 구축의 기반을 마련했다.

전자기 유도 법칙

도선 주위 자기장의 변화가 전류를 발생시킨다는 획기적인 발견은 인류를 새로운 분야로 이끌었다. 세계 각지의 물리학자들이 미지의 세계를 탐구하기 위해 전자기 유도 연구에 속속 뛰어들었다. 19세기 유럽 과학계는 위대한 변혁의 시대를 맞이했다. 패러데이, 암페

렌츠

어, 렌츠, 맥스웰, 헤르츠 등 수많은 과학자의 노력으로 전자기 유도 법칙의 비밀들이 하나둘 밝혀지기 시작했다.

전자기 유도 현상의 가장 기본적인 법칙은 유도 전류의 방향을 설명하는 '렌츠의 법칙'과 유도기전력의 세기를 설명하는 '패러데이 전자기 유도 법칙'이다.

렌츠의 법칙

1834년, 러시아 물리학자 하인리히 렌츠^{Heinrich Lenz}는 대량의
실험 결과를 정리해 유도전류방향을 설명하는 법칙을 내놓았다.

렌츠의 법칙은 유도전류의 방향 법칙을 설명하는데 이는 에
너지 보존 법칙의 필연적인 결과이다. '유도기전력은 유도전류
를 발생시킨 자기장의 자속 변화를 방해한다'는 것은 '원래의 자
기장 자속의 변화를 유지하기 위해서는 반드시 동력작용이 있
어야 한다. 이러한 동력은 유도전류 자기장의 방해 작용을 극복
하는 일을 해 다른 형식의 에너지를 유도전류의 전기에너지로
전환시키므로 렌츠의 법칙 속의 방해 과정은 사실상 에너지 전
환 과정이다'라고 이해할 수 있다.

렌츠의 법칙의 핵심은 '방해'에 있다. '방해'는 '방지'가 아닌
'반항'의 의미다. 이 점은 렌츠의 법칙의 영문 설명에서 드러난
다. 'The direction of an induced current is such as to oppose
the cause producing it.' 이 말은 유도전류의 방향은 유도전류가
그것을 발생시킨 원인에 반항하게 만든다는 뜻이다.

렌츠의 법칙은 자속의 변화에 따라 '증가하면 반항하고 감소하면 동일하다'로 정리할 수 있다. 즉, 자속이 증대되면 유도 자기장의 방향이 원래 자속의 방향과 반대가 되고, 자속이 감소하면 유도 자기장의 방향이 원래 자속의 방향과 같다. 운동 효과로 보자면, '오면 막고 가면 잡는다'라고 표현할 수 있겠다.

회전 크로스빔 양 끝에 각각 닫힌 금속고리와 열린 금속고리가 있다고 해보자. 닫힌 금속고리에 자석을 가져가면 고리가 자석을 '피하기' 때문에 크로스빔이 회전하게 된다. 반대로 자석을 금속고리에서 멀리 떼어내면 금속고리는 자석이 멀어지지 못하게 '붙잡느라' 자석을 따라 운동하게 된다. 반면 열린 금속고리에는 자석을 가까이 가져가거나 멀리 떼어놓아도 앞서 말한 효과가 없다. 열린 고리는 유도전류를 발생시키지 못하기 때문이다. 닫힌 금속고리에 자석을 가까이 가져가거나 멀리 떼어놓을 때 나타나는 효과는 모두 렌츠의 법칙 중 방해 효과를 보여주는 것이다.

패러데이의 전자기 유도 법칙

유도전류의 방향에 관해서는 렌츠의 법칙으로 설명할 수 있는데 유도전류의 세기는 어떤 법칙으로 설명해야 할까? 옴의 법칙에 따라 유도전류의 세기는 유도기전력의 세기와 회로 속 저항으로 계산할 수 있다. 각 회로 저항은 서로 다르지만 유도기전력은 모두 패러데이 전자기 유도 법칙을 따른다.

유도기전력은 전자기 유도 현상에서 생기는 기전력이고, 전자기 유도 현상은 기본적으로 자속의 변화에 의해 발생한다. 패러데이는 수많은 실험 끝에 유도기전력의 세기가 자속의 변화율에 비례하며 회로 저항의 세기와는 무관함을 밝혀냈다. 1845년, 훗날 켈빈 경이 되는 윌리엄 톰슨$^{\text{William Thomson}}$은 패러데이의 실험 결과를 바탕으로 수학식을 도출했다. 전자기 유도 현상을 발견한 위대한 업적을 기리기 위해 이 법칙은 '패러데이의 법칙'으로 불리게 되었다.

지식 카드

패러데이 전자기 유도 법칙 : 회로 속 유도기전력의 세기는 이 회로를 지나는 자속의 시간적 변화율에 비례한다. 유도기전력을 E로 표현한다면, $E=k\Delta\Phi/\Delta t$이다. 자속의 SI 단위는 웨버(Wb)이며 시간 단위는 초(s), 유도기전력 단위는 볼트(V)를 사용한다. k값은 1이며 유도기전력의 세기는 $E=\Delta\Phi/\Delta t$로 나타낼 수 있다. 만약 폐회로가 N번 감은 코일이라면 유도기전력의 세기는 $E=N\Delta\Phi/\Delta t$가 된다.

폐회로의 도체 일부가 자기력선을 자르고 지나가는 상황에서 유도기전력이 발생하는 것을 관찰할 수 있다. 이때는 패러데이의 전자기 유도 법칙을 더 직관적으로 확인할 수 있다. 레일 위의 도체 막대가 속도 v로 운동하고('x'는 레일 면에 수직인 자기장 방향을 나타냄) 도체 막대의 길이는 L이라고 한다면, 이때 폐회로

에서 $\Delta\Phi = B\Delta S = BLv\Delta t$이므로 $E = \Delta\Phi/\Delta t = BLv$이다.

도체 운동 속도의 방향과 자기장 방향의 끼인각이 θ일 때는 자기장 방향에 수직인 속도와 자기장 방향에 평행한 속도로 나눌 수 있다. 자기장 방향에 평행한 속도 성분은 유도기전력을 발생시키지 않고 자기장 방향에 수직인 속도 성분은 $v\sin\theta$로 이때 발생하는 유도기전력은 $E = BLv\sin\theta$이다. 일상생활에서 사용하는 교류전기의 기본 관계식은 이 식에서 유도된 것이다.

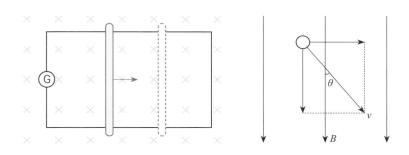

전자기 유도의 응용

와전류

현재 비행기, 기차, 지하철 등 공공교통수단은 승객들의 안전을 위해 정기적인 검사를 실시하고 있다. 이때 일반적으로 보안검색대나 휴대용 보안탐지기가 사용된다. 보안검색대와 보안탐지기는 어떻게 작동할까?

지식 카드

금속 도체가 변화 중인 자기장 속에 있거나 금속과 자기장이 상대운동을 할 때, 전자기 유도 작용으로 인해 금속 도체 전체에 유도기전력을 발생시켜 유도전류가 생기게 된다. 도체 표면의 형상과 자속 분포 변화에 따라 이런 전류의 도체 속 분포 상황도 변하는데 그 경로가 물속에 형성되는 소용돌이와 비슷하기 때문에 '와(전)류'라고 부른다. 1851년에 프랑스 물리학자 레옹 푸코(Leon Foucault)가 발견했기 때문에 '푸코 전류'라고도 부른다.(우리나라에서는 맴돌이 전류라고도 한다.)

와전류와 관련해서는 주로 다음 두 가지가 응용된다.

- **와전류의 자기 효과를 이용한다.** 보안검색대와 휴대용 보안탐지기는 모두 금속탐지기로, 탐측 코일이 금속 물체에 다가가면 전자기 유도 현상 때문에 금속 도체에 와전류가 생성되는 원리를 이용한 장치다. 탐측기는 와전류의 자기장을 잡아내고 이를 음성 신호로 바꾼다. 그래서 소리 유무에 따라 탐측 코일 아래 금속 물체의 유무를 판단할 수 있다. 전쟁터에서 사용되는 휴대용 지뢰탐측기도 이 원리를 이용했다.
- **와전류의 열효과를 이용한다.** 줄의 법칙 $Q=I^2Rt$에 따라 전류가 도체를 통과할 때 발생하는 열은 주로 전류와 저항의 세기에 의해 결정된다. 와류를 응용할 때, 변하는 자기장은 주로 교류전류로 발생시키는데 교류전기의 주파수가 높을수록 발생하는 교류자기장의 주파수도 높고, 유도전류(와류)도 크다.

대표적인 사례로 인덕션을 들 수 있다. 인덕션은 전자기를 이용한 새로운 형태의 조리기구로 전기에너지를 아낄 수 있고 효율적이며 실제로 불꽃이 올라오지 않는 데다 간편하고 골고루

가열되는 등 장점이 많아 인기가 높다. 그러나 어떤 재료로 만든 와전류든 다 인덕션이 적용되는 것은 아니다. 그 이유가 무엇일까? 먼저 인덕션의 구조와 원리를 살펴보자.

인덕션의 상판은 고강도 내열세라믹판이나 유리판으로 되어 있다. 이 상판 밑에는 나선형의 고주파 유도 히팅 코일(둥글게 말아진 구리선)이 있고 그 밑에는 정류 주파수 변환 회로와 그에 맞는 제어 시스템이 있다. 인덕션의 작동 과정은 이러하다.

입력된 전류가 정류기를 거쳐 직류로 전환된 뒤, 다시 고주파 전력 전환 장치를 거치며 직류가 2만~3만Hz의 고주파 교류로 전환된다. 고주파 교류를 나선형 유도 가열 코일에 가하면 고주파 교류 자기장이 발생해 자기장의 자기력선이 인덕션 상판을 통과해 금속용기에 작용한다. 금속용기는 전자기 효과로 인해 강력한 와전류를 일으키는데 와전류가 용기 저항 유동을 극복할 때 전기에너지가 열에너지로 전환돼 음식을 조리하는 열원이 된다.

인덕션 작동 중, 유도 코일에는 열이 거의 발생하지 않기 때문에 상판에 용기가 없는 경우에는 상판 온도가 실온과 동일하다. 인덕션용 프라이팬 소재로는 철이나 강을 사용한다. 이런 소재는 자성 분자(철, 코발트, 니켈 및 그 산화물 분자)를 함유한 까닭에 고온으로 가열하면 그 가열 부하와 유도 와전류가 정합해 높은 에너지 전환율을 갖게 되고 자기장 유출도 적기 때문이다. 이 밖의 소재로 만든 용기는 인덕션에 사용하기 부적합하다. 세라믹, 유리류의 절연체로 만든 용기뿐만 아니라 구리, 알루미늄 등 도체로 만든 용기도 부적합하다.

와전류의 열효과는 공업 분야에서도 응용된다. 유도전기로는 와전류의 열효과를 이용해 금속과 같은 전기 전도체를 용해하는 설비로, 금속 재료에 대한 가열 효율이 가장 높고 속도가 가장 빠르면서도 에너지 소모가 적고 친환경적이다. 고주파 용접기는 가연성, 폭발성 기체 없이 고주파 자기장으로 금속 물체에 와전류 효과를 발생시켜 금속 물체의 고유 저항을 이용해 열을 생성하여 어떠한 종류의 금속이든 순식간에 녹여 물체를 접합시킨다.

고주파 용접 개요도와 실물도.
바깥쪽은 코일도선으로 고주파 전원에 연결하고 안쪽은 용접할 물체로 구멍 부분이 용접할 곳이다.

전자기 감쇠와 전자기 구동

도체와 자기장이 상대운동을 일으킬 경우, 도체 속에 유도전류가 발생한다. 유도전류가 받는 전자기력은 늘 이들의 상대 운동을 방해하려고 한다. 전자기력을 이용해 도체와 자기장 사이의 상대운동을 방해하는 것을 '전자기 감쇠'라고 한다. 자기장이 어떤 방식으로 운동하면, 도체 속 전자기력은 도체와 자기장 사이의 상대운동을 방해하려고 도체가 자기장을 따라 운동하게 만드는데 이를 '전자기 구동'이라고 한다. 전자기 감쇠와 전자기 구동은 모두 렌츠의 법칙으로 설명이 가능한데 '오면 막고 가면 잡는' 현상을 잘 보여준다.

전자기 감쇠 진자 실험에서, 처음에는 가장 낮은 곳에서 자석 없이 알루미늄판을 들어 올렸다가 놓아 흔들리게 만들면 알루미늄판이 꽤 오랜 시간 동안 흔들리다가 서서히 멈춘다. 이어서 가장 낮은 곳에서 시작하는 것은 똑같되 이번에는 자석을 추가해 알루미늄판을 들어 올렸다가 놓아 흔들리게 만들면 가장 낮은 곳을 지날 때 알루미늄판의 속도가 눈에 띄게 느려지거나 아예 멈춰버린다.

와전류 브레이크도 전자기 감쇠 원리를 이용했다. 와전류브레이크는 '에디 커런트 브레이크$^{Eddy Current Brake}$', '맴돌이 전류 브레이크'라고도 부르는데 최근 들어 롤러코스터가 마지막에 역으로 들어갈 때의 안전을 위해 설계된 제동 형식이다. 와전류 브레이크는 자기력이 매우 강한, 네오디뮴·철·붕소를 혼합시킨 네오디뮴 자석으로 만들며, 차체와 직접적으로 접촉하지 않는다. 그래서 기계식 브레이크처럼 마찰로 인한 과열 문제가 없고 비가 오는 날에도 제동 시 미끄러짐이 발생하지 않아 신뢰도가 높다.

전자기 감쇠 진자

　전자기 구동 시연 실험에서, 손잡이를 설치하고 자석을 회전시키면 자기장 내 지지대가 받쳐주고 있던 알루미늄 프레임도 같이 회전하는 것을 관찰할 수 있다. 렌츠의 법칙에 따라 분석하면, 자석 운동으로 알루미늄 프레임의 자속이 변했기 때문에 알루미늄 프레임이 유도전류를 발생시켜 전자기력을 받아 자석을 따라 같이 운동하게 되는 것이다. 둘의 회전 방향은 같지만 알루미늄 프레임의 회전속도가 계속 자석의 회전속도보다 작다(왜 그럴까?). 유도 전동기(인덕션 모터)가 바로 이 원리로 만들어졌다.

이 밖에 초고층 빌딩의 수직 엘리베이터는 과도하게 긴 와이어를 사용할 수 없어 전자기 구동을 활용한다. 전자기 구동은 자동차 속도계, 가정용 전력계 등 기계 계기를 만드는 데도 쓰인다.

전자기 구동 시연 실험

전자기장의 3대 법칙

암페어$^{\text{André-Marie Ampère}}$는 외르스테드와 동시대를 산 프랑스 수학자로, 전류의 자기 효과에 끌려 이미 성취를 보이기 시작한 수학 연구를 포기하고 물리학 연구의 길로 들어섰다. 암페어는 외르스테드 실험을 바탕으로 전류의 자기장 방향을 판단할 수 있는 암페어 법칙을 제시했다. 훗날 전자기력 방향의 규칙이 발견돼 '왼손 법칙'이라고 불리게 되었고, 전자기 유도 중 도체가 자기력선을 자르고 지나갈 때의 유도전류 방향에 관한 법칙은 '오른손 법칙'이라고 불리게 되었다.

암페어 법칙

암페어 법칙은 '오른나사 법칙'이라고도 불린다. 전류자기 효과의 전류 방향과 자기장 방향의 관계를 정하는 데는 다음 세

90

가지 상황이 있다.

직선 전류에 의한 자기장 방향 : 오른  손으로 도선을 쥐고 있다고 상상해보라. 엄지손가락을 곧게 세워 전류의 방향을 향하게 할 때 나머지 네 손가락이 감싸 쥐는 방향이 자기력선(자기장)이 감도는 방향이다.

원형 전류에 의한 자기장 방향 : 오른손의 네 손가락이 감싸 쥐는 방향과 원형 전류의 방향을 일치시키면, 곧게 뻗은 엄지 손가락이 가리키는 방향이 바로 원형 전류에 의한 자기장 방향 이다.

솔레노이드 주위의 자기장 방향 : 솔레노이드는 원형 전류 몇 개를 겹쳐놓은 것으로 볼 수 있으므로 손을 쥐는 방법이 원형 전류의 상황과 비슷하다. 오른손을 솔레노이드처럼 쥔다고 상 상해보라. 네 손가락을 솔레노이드의 전류 방향으로 감아줄 때, 엄지손가락이 가리키는 방향이 솔레노이드 내부의 자기장 방향 이다. 엄지손가락이 솔레노이드 자기장의 N극을 가리킨다고 볼 수 있다.

자연계에도 오른나사 법칙에 부합하는 현상들이 있다. 예를 들어, 나팔꽃 줄기가 감아 올라가는 방향과 자라는 방향은 오른 나사 법칙을 따른다. 천문학에서 북극 방향을 정할 때도 오른나 사 법칙을 따른다.

왼손법칙

왼손법칙은 '전동기 법칙'이라고도 한다. 1885년, 영국 런던 대학 전자공학과 교수로 있던 플레밍은 학생들이 자기장, 전류, 힘의 방향을 자주 틀린다는 사실을 발견하고 학생들이 쉽게 기억할 수 있는 방법을 생각해냈다. 그것이 바로 플레밍의 왼손법칙이다. 왼손을 쫙 펴고 네 손가락을 나란히 붙이고 엄지손가락은 네 손가락과 90°를 이루게 한다. 일단 자기장이 손바닥을 뚫고 지나간다고 상상해보라. 네 손가락은 전류의 방향 또는 양전하의 운동 방향(운동하는 전하가 음전하라면 네 손가락은 전하 운동의 반대방향을 가리킴)을 가리키고 엄지손가락은 전자기력 또는 로렌츠 힘의 방향을 가리킨다.

오른손법칙

플레밍이 만든 오른손법칙은 '발전기 법칙'이라고도 한다. 오른손법칙은 도체가 자기장 속에서 이동할 때(자기력선을 자르고 지나갈 때) 생성하는 유도전류 방향이다. 오른손을 쫙 펴고 네 손가락을 나란히 붙이고 엄지손가락은 네 손가락과 90°를 이루게 한다. 자기장이 손바닥을 뚫고 지나간다고 상상해보라. 엄지손가락은 도체가 자기력선을 자르고 지나간 방향을 가리키고 네 손가락은 생성된 유도전류의 방향을 가리킨다.

3대 법칙이 적용되는 상황을 정리해보자. '오른나사법칙'은 전류와 자기장의 관계를 정하고 '왼손법칙'은 전류가 흐르는 도선에 대한 자기장의 작용력 방향을 정하며, 오른손법칙은 폐회로 내 일부 도체가 자기력선을 자르고 지나가며 생성한 유도전류의 방향을 정한다.

생산 현장에서는 왼손법칙과 오른손법칙이 광범위하게 응용되는데 사용 분야가 다르다. 만약 자기장 속에 전류가 있다면 그 힘을 분석할 때는 왼손법칙을 사용한다. 만약 도체가 자기장 속에서 운동하며 전류를 생성한다면 오른손법칙을 사용한다. 간단히 말해, 왼손은 힘이고 오른손은 전류다. 전류로 인해 움직인다면 왼손법칙을 쓰고 움직여서 전류가 생성된다면 오른손법칙을 쓴다. 예를 들어 발전기 유도기전력의 방향을 판단할 때는 오른손법칙을 사용한다. 전동기의 회전 방향을 판단할 때는 왼손법칙을 사용한다.

과학기술 분야에서의 전자기장의 응용

레일건

전자기력으로 발사체를 투사하는 것은 완전히 새로운 개념의 발사 방식이다. 레일건(전자발사포)은 전자기 유도 원리를 통해 전류가 강력한 자기장을 생성하는 것을 이용해 전자력으로 탄환을 가속하여 발사하는 기술이다. 재래식 대포가 화약 가스의 팽창 압력을 탄환에 작용시켜 발사하는 것과 달리, 레일건은 사

출체를 매우 빠른 속도로 가속시킬 수 있으며, 가속 과정도 훨씬 안정적일 뿐만 아니라 속도와 가속도를 임

94

의로 조정할 수 있다. 레일건의 사거리는 재래식 대포에 비할 수 없을 만큼 길며, 에너지 전환 효율도 높고 구조가 간단하며 명중률이 높고 소음이 적고 안전성이 높다는 등의 특징이 있어 군사, 우주비행, 교통 분야에서 잠재적 이점이 크며 광범위하게 응용 가능하다.

레일건이라는 개념은 20세기 초기에 처음으로 제시되었다. 현재 사용되는 레일건의 주요 구성 부분을 살펴보면 전원, 고속 스위치, 가속장치, 포탄, 이 네 부분으로 나누어진다. 포탄 탄환은 연질의 케이스로 둘러싸여 꼬리 부분이 전기자(코일이 장착된 부품)에 연결돼 있다. 나란히 놓인 두 개의 전도성 레일 사이에 전도성 탄환을 넣으면 레일이 전원에 연결돼 전류가 한쪽 레일에서 전기자를 거쳐 다른 쪽 레일로 흘러간다. 이때 탄환에는 전류가 흐르지 않는다. 강력한 전류는 두 궤도 사이에 강한 자기장을 형성하고 전류가 흐르는 전기자가 형성하는 자기장과 상호작용하여 거대한 전자기력을 형성하게 된다.

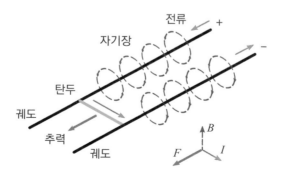

전자기력은 전기자와 전기자 앞쪽에 놓인 탄환이 레일을 따라 가속운동을 하도록 해 포탄은 엄청난 초속도를 얻게 된다(이론상으로는 광속에 준하는 속도에 도달할 수 있지만 실제로는 현존하는 전자 부품의 한계로 이 속도에 도달할 수 없다). 포탄은 이 속도로 포구 끝을 통해 발사된다. 이후 전기자와 탄환을 감싼 연질 케이스가 떨어지며 탄환은 목표물을 향해 날아가게 된다.

레일건은 전력 시스템에 대한 요구치가 매우 높아 설계와 사용 시에 여러 분야의 요구 사항과 제약 조건을 고려해야 한다. 예를 들어 일반적인 함정에는 레일건을 장착할 수 없다. 레일건을 장착하려면 새로운 전력 시스템을 갖춘 함정을 만들거나 기존의 함정을 대폭 개조해야 한다. 레일건은 구조가 복잡해 보이지만 원리는 무척 간단하다. '전류가 흐르는 도체는 자기장 속에서 전자기력을 받아서 운동한다.' 그림에서 알 수 있듯이 가는 구리레일에 전류를 흘려주면 자기장이 가하는 전자기력의 작용을 받아 가속운동하게 된다.

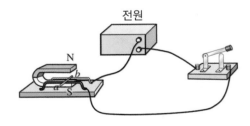

레일건은 무기로만 쓰일 수 있는 것이 아니다. 우주 비행 분야에서는 지상에서 우주 공간으로 로켓을 발사할 때 레일건 기술을 활용하면 훨씬 효과적으로 발사 임무를 완수할 수 있다. 과학 연구 기관에서 추산한 결과, 로켓을 이용해 1kg짜리 물체를 발사하는 데 약 2,000~8,000달러 정도의 비용이 드는 데 반해 레일건을 사용하면 발사 비용이 1~2달러밖에 들지 않고 반복해서 재사용이 가능하며 안전성도 높다. 교통 분야에서는 전자기 궤도 열차가 이미 개발돼 시운전에 들어갔다.

속도선택기

속도선택기는 '속도여과기'라고도 하는데 전기장과 자기장의 강도를 제어함으로써 특정 속도의 입자를 선택할 수 있기 때문에 이같이 불린다. 속도선택기는 '이온 분석계, 산란 분광계, 질량 분석계' 등 기기의 주요 구성 부분으로 평행한 금속판 두 개로 구성되어 있다.

속도선택기를 사용할 때는 금속판 두 개에 일정한 전압을 가해 두 판 사이에 균일한 전기장을 형성시키면서 동시에 두 판 사이에 전기장 방향에 수직으로 균일한 자기장을 형성시킨다. 대전입자가 일정한 속도로 중심선에 있는 슬릿을 따라 속도선택기로 입사하면 전기력과 자기력의 작용을 동시에 받아 특정한 요구에 부합하는 대전입자만 편향 발생 없이 직선을 따라 방출되게 된다.

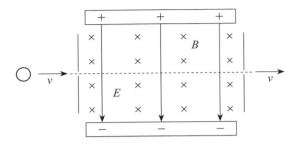

　일정한 속도의 대전입자가 속도선택기로 입사하면 대전입자는 전기력 qE와 로렌츠 힘 qvB의 작용만 받는다고 볼 수 있다.(이 때, 중력은 전자기력보다 훨씬 작기 때문에 고려하지 않는다.) 직선을 따라 등속으로 속도 선택기를 통과할 수 있는 대전입자가 받는 힘의 관계는 $qvB=qE$, 즉 $v=E/B$이다. 만약 입자의 속도가 E/B가 아니라면 로렌츠 힘은 전기력과 같지 않게 되어 입자가 속도선택기의 슬릿을 통과하지 못하고 편향력이 큰 쪽으로 곡선운동을 하게 된다. 입자의 속도선택기 통과 여부는 입자 속도에 달려있고 입자의 질량, 전기량, 전기의 성질과는 무관하다.

　예를 들어 속도 $v=E/B$의 양전하 입자를 음전하 입자로 바꿔도 계속 직선으로 통과할 수 있다. 그 이유는 전기력과 로렌츠 힘이 모두 반대방향이 되어 결과적으로는 여전히 힘의 평형을 이루기 때문이다.

호두껍데기 속이 어떻게 생겼는지 알고 싶다면? 망치로 깨보면 알 수 있다. 그렇다면 원자핵 안이 어떻게 생겼는지 알 수 있는 방법은 없을까? 과학자들이 생각해낸 망치는 '고에너지 입자'다. 고에너지 입자란 입자 산란 실험에 쓰이는 '총알'로 원자핵 구조를 연구하는 데 가장 유용한 도구이다. 에너지가 얼마나 커야 고에너지 입자로 볼 수 있을까? 원자핵 내부로 들어가려면 고에너지 입자의 에너지양이 적어도 메가전자볼트(MeV)급은 되어야 한다. 알파 입자$^{\alpha\text{-particle}}$ (헬륨 원자핵)를 예로 들면, 1MeV의 에너지양에 도달하려면 약 7,070,000m/s의 속도가 필요하다. 이는 약 6초 안에 지구를 한 바퀴 돌 수 있는 속도다.

그렇다면 고에너지 입자는 어떻게 얻을 수 있을까? 물리학자들은 가속기를 만들어 전기장을 통해 대전입자를 가속시킨다. 가속기는 핵물리학 연구에 활용되는 주요 장치다.

그러나 입자를 고에너지 상태까지 가속시키려면 필요한 직류전압이 매우 높아 기술적으로 어려움이 크다. 이 문제를 해결하기 위해 다음의 그림처럼 다단식으로 가속시키는 아이디어가 제기됐다. 이렇게 하면 입자는 각 전극 사이를 지날 때 계속해서 가속되는데 이런 가속기를 '선형가속기'라고 한다.

그러나 이 아이디어에도 문제가 있었다. 바로 필요한 전극 수량이 많아 설비가 굉장히 길어 공간을 많이 차지하는 탓에 보급이 어렵다는 점이다. 예를 들어 스탠퍼드 대학의 선형가속기 SLAC, Stanford Linear Accelerator는 그 길이가 무려 3,200m에 달한다. 만약 선형가속기의 전극별 전기장을 하나로 합칠 수 있고, 입자가 한 번 가속을 한 뒤 다시 처음으로 되돌아와 재가속을 할 수 있도록 만든다면 설비가 차지하는 공간과 재료비용을 대폭 줄일 수 있을 것이다.

미국 물리학자 어니스트 로렌스Ernest Orlando Lawrence가 발명한 원형 입자가속기인 '사이클로트론'은 선형가속기가 가진 공간상의 문제를 해결했으며 이후의 핵분열 및 핵력 연구에 중요한 역할을 했다.

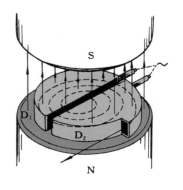

사이클로트론의 원리는 다음과 같다.

자기장에 입사된 대전입자는 두 개의 반원형 모양의 금속통 속에서 일정한 원궤도를 그리면서 운동하게 되는데 이 입자는 두 금속통 사이의 공간을 반복하여 지나가게 된다. 이때 고주파 전압에 의한 전위차에 의해 계속 가속된다. 사이클로트론의 주요 부품은 자극 사이의 진공 상태의 공간에 놓인 두개의 전극인 D자형 금속통^{Dee}이다. 이 디^{Dee} 두 개는 서로 마주 보게 놓여 있고 중간에 아주 작은 공간이 벌어져 있다. 디에 교류전압을 가하면 이 공간에서 교류 전기장이 생겨난다. 가운데 부분에 대전된 입자를 방출하는 원천이 놓여 있다. 여기에서 방출한 대전입자가 전기장을 받아 가속해서 디로 입사한다. 디 내부에는 자기장밖에 없기 때문에 입자는 자기장이 일으킨 로렌츠 힘만을 받아 자기장에 수직인 평면 안에서 원운동을 한다.

로렌츠 힘이 제공하는 구심력은 $qvB=mv^2/r$로 입자의 회전 반경 $r=mv/qB$을 얻을 수 있다. 입자의 원운동 주기는 $T=2\pi r/v=2\pi m/qB$로 T와 v는 무관하다. 입자가 반원을 도는 데 걸리는 시간은 $\pi m/qB$로 여기에서 q는 입자의 전하량, m은 입자의 질량, B는 자속 밀도(자기장의 세기)이다. 디(D자형 금속통 Dee)에 가하는 교류전압 주기를 자기장 속 입자의 원운동 주기에 일치시켜 입자가 반원 운동을 한 후 두 개의 디 사이 공간으로 나올 때 반대쪽 디의 교류전압 방향을 반대로 바꾸어 주면 입자는 가속되어 더 큰 원을 그리며 운동하게 된다. 위에서 말한 입자가 반원을 도는 데 걸린 시간은 입자 속도와는 무관하기 때문에 입자가 반원을 돌고 디 사이 공간으로 나와 반대쪽 디에 입사할 때마다 한 번씩 가속되어 속력이 증가하고, 원운동 반지름은 점점 커진다. 여러 차례 가속을 반복한 뒤, 마지막으로 대전입자는 나선형 궤도를 따라 디의 테두리를 통해 방출되는데 이때의 에너지는 수십MeV에 달한다.

사이클로트론도 단점이 있었는데 대전입자를 무한히 가속시킬 수 없었다. 상대성 이론에 의해 물질이 빛의 속도에 가깝게 가속될수록 그 질량이 늘어나 사이클로트론 안의 입자 운동 주기가 변하게 되므로 일정 수치 이상으로 대전입자를 계속 가속시킬 수 없었다. 이러한 문제점을 해결하기 위해 싱크로트론 Synchrotron이 개발됐다.

홀 효과

1879년, 미국 물리학자 홀Edwin Herbert Hall은 금속의 전기 전도 메커니즘을 연구하다가 어떤 전자기 효과를 발견했다. 도체가 자기장 속에 놓여 있을 때 그 자기장에 직각 방향으로 전류를 흘려주면 자기장과 전류 모두에 수직인 방향으로 전위차가 발생하는 현상으로 이것이 바로 '홀 효과Hall effect'다.

홀 효과의 원리는 다음과 같다.

금속 또는 반도체 박판 양 끝에 전류 I를 흘리고 전류와 수직 방향으로 자속이 B인 자기장을 가하면, 전류 방향과 자기장 방향 모두에 수직인 방향으로 이들의 크기에 비례하는 기전력이 발생한다. 이 기전력을 '홀전압 V_H'라고 한다. 전기장에 의한 힘과 자기장에 의한 힘의 평형을 이용해 그 크기를 계산하면 $V_H = R_H IB/d$이며 이 식에서 R_H는 홀계수이고 d는 자기장 방향에서의 박판의 두께다. 홀계수 $R_H = 1/ne$이다. n은 박판의 단위 부피당 자유전자 또는 전하운반자 수이고 e는 전자의 전하량이다. 홀효과는 금속보다 반도체에서 보다 명확하게 관찰할 수 있다. 홀계수를 측정하는 것은 반도체 소재의 성능을 연구하는 기본 방법이다.

홀효과를 이용해 만든 홀 소자는 자기장에 민감하고 구조가 간단하고 부피가 작고 주파수응답 대역이 넓으며 출력 전압 변화가 크고 사용 수명이 길다는 등의 장점이 있다. 그래서 측정, 자동화, 정보기술 등 여러 분야에서 광범위하게 응용된다. 자동차, 컴퓨터, 대다수 가전제품에도 홀 소자가 사용되지만 부피가 작고 패키징되어 있어 직접 확인하기는 어렵다.

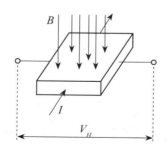

전력망이 '고압송전'을 하는 이유
교류전류와 변압기

고압전력망이라는 말을 들어보거나 직접 본 적이 있을 것이다. 가정용 전기는 220V면 충분한데 굳이 고압송전을 하는 이유는 뭘까? 안전상의 이유로 높은 송전탑 위에 설치해야 하고 유지보수도 까다롭고 주위에 일정 거리 안에는 건물도 지을 수 없는데 말이다. 듣기만 해도 영 번거로울 것 같은데 세계 각국

시원하게 뻥 뚫린 고압송전탑 주위 광경

이 고압송전을 선호하는 이유는 뭘까? 이제부터 그 이유를 알아보자.

'송전'이란, 발전소에서 전기에너지를 수용가(전기에너지 사용자)까지 수송하는 것을 말한다. 전력을 수송한다고 이해할 수도 있다. 발전소는 대개 도시에서 멀리 떨어진 곳에 지어지기 때문에 발전소에서 각 가정으로 보내는 전기는 '산 넘고 물 건너' 먼 길을 이동해야 한다. 길만 멀다 뿐인가! 전기가 지나는 모든 길에 선로를 연결해야 하는데 실험실에서 회로를 연결할 때처럼 저항을 무시할 수는 없다. 그래서 송전 과정에서 많은 전기에너지가 손실되는데 전국 각지를 거미줄처럼 연결한 전선에서 손실되는 전기에너지를 모두 합치면 그 양이 결코 적지 않다. 그렇다면 이렇게 낭비되는 전기에너지를 줄일 방법이 없을까?

줄의 법칙에 따라 도선의 전기에너지 손실은 I^2Rt이고, 전력 손실은 I^2R이므로 문제를 해결할 방법이 나왔다.

- 송전선 저항을 줄인다.
- 송전선 전류를 줄인다.

방법 1

먼저 송전선 '저항'을 줄일 방법을 알아보자.

저항 법칙 $R=\rho\dfrac{l}{S}$을 생각하면 송전선 저항을 줄일 방법 3가지를 알 수 있다.

'송전선 길이(l)를 줄인다, 송전선 단면적(S)을 늘린다, 도선 전항률(비저항 ρ)을 줄인다.' 먼저 송전선 길이를 줄이는 것은 현실적이지 않은 방법이다. 모든 가정이 발전소 근처로 이사 갈 수는 없는 노릇이니 말이다. 그렇다면 송전선 단면적을 늘리는 방법은 어떨까? 한번 계산해보자. 220kW 전기에너지를 알루미늄 도선(저항률 $2.9 \times 10^{-8}\Omega\cdot m$)을 사용해 220V 전압으로 100km 떨어진 곳에 수송하는 데 도선의 전력 손실이 전체 수송 전력의 10%라고 가정해보자. 도선의 횡단면적은 얼마나 커야 할까?

이럴 수가! 약 420cm²면 그릇보다 더 크잖아! 탈락! 도선 저항률을 줄이는 방법은 가능하겠지? 일반적으로 전선은 구리로 만든다. 저항률 표를 보면 구리의 저항률은 $1.75 \times 10^{-8}\Omega\cdot m$으로 구리보다 작은 것은 은뿐이다(은의 저항률은 $1.65 \times 10^{-8}\Omega\cdot m$). 그런데 은은 저항률도 구리와 별반 차이가 없을뿐더러 너무 비싼데다가 무르기까지 해 안전하지 않다. 결국 셋 다 탈락이다.

방법 2

송전선의 '전류'를 줄이는 방법을 생각해보자.

전력 공식 $P=VI$(전력＝전압×전류)에 따라 송전선 중 전류를 줄이는 방법은 두 가지가 있다.

'송전 전력량을 줄인다, 송전 전압을 높인다.' 그러나 발전소

설비용량과 전기 사용자의 수요가 기본적으로 일정하기 때문에 실제로 송전할 때는 송전 전력량을 줄이는 것으로 송전 전류를 줄이면 안 된다. 하나하나 설명하다 보니 이제 딱 하나만 남았다. 바로 송전 전압을 높이는 방법이다. 송전 전력량과 송전선 저항이 일정한 상황에서, 송전 전압을 배로 높일 때마다 송전 전류는 1/2로 줄어들고, 송전선에서 손실되는 전기에너지는 1/4로 줄어든다.

송전 전압 높이는 방법

사실 전압을 바꿀 수 있는 장치는 일상생활에서 흔히 볼 수 있다. 바로 변압기다. 변압기는 전자기 유도 법칙을 이용해 교류전류에 대해 승압 또는 강압 작용을 하지만 정상전류

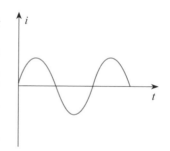

(크기가 일정한 직류 전류)에는 이런 작용을 하지 못한다. 그렇다면 먼저 교류전류에 대해 알아보자.

코일이 균일한 자기장 안에서 자기력선에 수직인 축을 돌며 등속 회전하면 코일 중에 주기적으로 변하는 정현파(사인파) 전류가 생긴다. 생산 현장과 일상생활에서 사용하는 교류전류도 정현파 교류전류다.

발전 효율을 높이기 위해 발전소는 감긴 수가 같은 3개의 코

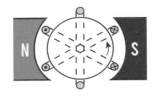

일이 자기장 안에서 같이 회전하며 발전하는 3상 교류발전기를 사용한다. 3개의 코일은 주파수가 동일하고 (50Hz) 진폭도 같으며, 각각 120°의 위상차를 두고 하나의 시스템을 구성한다. 3상 교류는 발전, 송전, 급전(전력 공급)의 기본 방식이다.

앞서 말했듯이 교류전류의 최대 장점은 변압기를 이용해 전압을 조절함으로써 원거리 수송으로 인한 전기에너지 손실을 줄일 수 있다는 점이다. 직류전류의 경우, 변압기로 변압할 수 없다. 일단 전류의 세기가 고정돼 있고 발생시키는 자기장의 세기도 불변해 전자기 유도 현상을 일으킬 수 없어 전압을 바꿀 수 없다.

변압기는 전자기 유도 원리로 교류전압을 바꾸는 장치로 1차 코일, 2차 코일과 철심으로 이루어져 있다. 1차 코일, 2차 코일에서 교류전류로 인해 발생하는 전자기 유도 현상을 '상호 유도 현상'이라고 한다. 상호 유도 현상은 변압기 작동의 기본이 되므로 변압기는 정상 전류에 대해서는 작용하지 않는다. 이상변압기는 자속이 모두 철심 안에 집중돼 에너지 손실이 없으며, 코일의 저항을 무시하는 변압기로 입력전력이 출력전력과 같다. 이상변압기의 양 코일의 기전력, 즉 전압은 코일의 감긴 수(n)에 비례한다.

변압기는 원거리 송전 전기에너지 손실을 대폭 줄이는 데 큰 역할을 했다. 발전소의 전류는 먼저 변압기를 통해 승압한 뒤 수용가 측에서 다시 변압기를 통해 강압한다. 실제 송전선로에서는 승압과 강압이 수차례 이루어진다. 일상에서 사용하는 각종 충전기가 바로 변압기이지만 그 기능을 실현하기 위해서는 추가로 여파 정류회로를 포함시켜야 한다.

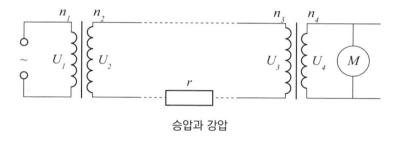

승압과 강압

무선전파 주파수들

뉴턴은 힘과 운동의 법칙을 통일해 물리학 역사상 최초로 통합된 이론 체계를 구축했다. 맥스웰은 전기와 자기의 세계를 통일해 다시 한번 통합된 이론 체계를 구축했다. 맥스웰이 확립한 전자기장 이론은 19세기 물리학 발전사에서 가장 빛나는 업적 중 하나다.

이 이론에 따르면 변화하는 전기장은 자기장을 발생시키고 변화하는 자기장도 전기장을 발생시킨다. 전기장과 자기장이 서로 연관되어 나타날 때 전자기장이 발생한다. 전자기장은 장의 원천에서 먼 곳으로 전파되며 전자기파를 형성한다. 전자기파는 그 종류가 매우 많다. 전자기 이론에 따라 수많은 전자기파 중 가장 먼저 찾아낸 무선전파는 세상을 더 깊이 탐구하는 데 유용하게 쓰였다.

전자기파는 전기장과 자기장을 포함한다. 그중 전기장의 세기 E와 자기장의 세기 B는 정현파(사인파) 규칙에 따라 변화한다. 둘은 서로 수직이며 파의 전파 방향과도 수직이다. 전자기파는 빛의 속도로 앞을 향해 전파된다. 전자기파의 특징은 주파수(진동수), 파장으로 표현할 수 있다. 주파수는 전자기파가 단위 시간 동안 진동한 횟수를 가리키며 단위는 헤르츠, 기호는 Hz이다.

전자기파의 파장은 전자기파가 전파되는 공간에서 전기장의 세기가 완전히 똑같은 서로 이웃한 두 점 사이의 거리를 가리킨다. 전자기파 전파 속도 v와 파장 λ, 주파수 f의 관계식은 $v = \lambda f$이다.

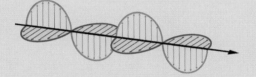

오른쪽으로 전파되는 전자기파 개요도.
빨간색은 전기장, 파란색은 자기장이며 서로 이웃한 두 마루(가장 높은 곳) 또는
두 골(가장 낮은 곳) 사이의 거리를 '파장'이라고 한다.

무선전파는 전자기파의 일종으로 공학기술상에서는 파장이 1mm(주파수 300GHz 이하) 이상인 전자기파를 가리킨다. 무선전파는 주로 통신 분야에서 정보를 운반하는 캐리어 역할을 한다. 무선전파는 파장과 주파수에 따라 여러 개로 분류되는데 각 주파수 대역의 무선전파 특성이 서로 다른 까닭에 실제로 사용되는 분야도 다르다.

무선전파 주파수대 구분

주파수대	기호	파장 범위	주파수 범위	응용 범위
초장파	VLF	10000~100000m	3~30kHz	잠수함 해저 통신, 해상 항법
장파	LF	1000~10000m	30~300kHz	대기층 내 중거리 통신, 지하 암석층 통신, 해상 항법
중파	MF	100~1000m	300kHz~3MH	라디오 방송, 항법
단파	HF	10~100m	3~30MHz	원거리 단파 통신, 라디오 방송
초단파	VHF	1~10m	30~300MHz	TV, 항법, 이동통신, FM 라디오 방송, 유성 파열 통신, 인공전리층 통신, 대기층 내외 공간 비행체(비행기, 미사일, 위성) 통신, 전리층 산란 통신
극초단파	UHF	0.1~1m	300~3000MHz	대류층 산란 통신, 소용량(8~12채널) 마이크로파 중계 통신, 중용량(120채널) 마이크로파 중계 통신
초고주파	SHF	1~10cm	3~30GHz	대용량(2500, 6000채널) 마이크로파 중계 통신, 디지털 통신, 위성항법, 위성통신, 레이더, 도파관 통신
마이크로파	EHF	1~10mm	30~300GHz	대기층을 뚫을 때의 통신

초장파 통신

초장파 통신은 수중 통신 분야에서 큰 역할을 하고 있다. 실험 결과, 무선전파는 수중에서 크게 감쇠되는데 주파수가 높을수록 감쇠도 크다. 그래서 지상에서 사용하는 무선전파를 수중에서 사용하면 전파 거리가 매우 제한적이다. 초장파는 무선전파 중 주파수가 가장 낮아서 수중 통신에 적합하다. 잠수함이 수면 위에 떠 있을 때는 각종 무선 통신 방식을 자유롭게 이용할 수 있지만, 수중으로 들어가면 잠수함과 육상 지구국 사이의 통신은 초장파만 이용할 수 있다. 통신 주파수는 76Hz 정도다.

장파 통신

장파 통신은 최초로 사용된 통신 주파수대다. 장파는 '지표파'라고도 부르는데 주로 지표면을 따라 전파되며, 전파 거리는 수천~수만km에 달한다. 20세기 초부터 이미 국제적인 상거래 목적의 통신에 장파를 사용하기 시작했다. 그러다가 다른 주파수대의 통신 기술이 나날이 발전함에 따라 장파 통신은 점차 다른 주파수대 통신으로 대체되었다. 그러나 항법, 지하 통신 등 특정 분야에서는 여전히 장파 통신이 이용되고 있다. 현재 많은 나라가 선박과 항공기가 정해진 항로로 운항할 수 있도록 장파 무선 통신소를 설치해 안내하고 있다.

1940년에 구축된 로란 C$^{LORAN\ C}$ 시스템의 주파수 대역은

90~110kHz로 여전히 광범위하게 사용되고 있다. 장파 통신이 응용되는 또 다른 중요한 분야는 '무선시보'다. 중국도 장파 시보국(장파 시보 시스템)을 구축했다. 장파 수시 시스템은 현재 중국에서 유일하게 마이크로초 급에 도달한 고정밀 시보 시스템으로 중국 영토 내 모든 육지와 근해 해역에 신호를 보낼 수 있다.

중파 통신

중파 통신은 주로 라디오 방송과 항법 분야에 응용된다. TV와 인터넷이 보급되기 전, 라디오 방송은 주요 미디어로 정보를 전달했다. 중파 주파수 대역에서 국제전기통신연합International Telecommunication Union은 526.5~1606.5kHz 대역을 무선 라디오 방송 전용 대역으로 규정했다. 평소에 청취하는 라디오 방송 프로그램은 대부분 이 주파수 대역에 해당한다. 대도시는 물론이고 중소도시에서도 중파방송국을 많이 찾아볼 수 있다.

중파는 주간에는 지표면을 따라 전파되기 때문에 전파 거리에 한계가 있어 서로 다른 도시의 중파 방송국의 주파수가 중복

되더라도 상호간섭이 발생하지 않는다. 그러나 야간에는 전리층에 반사되어 멀리까지 퍼지게 된다. 그래서 야간에 중파방송을 청취할 때는 다른 방송이 겹쳐 들리는 현상이 발생한다.

단파 통신

단파는 지면과 전리층 사이에서 역동적으로 움직인다. 전리층은 지면으로부터 약 50km에서부터 1,000km 상공에 이르는 대기 상층부로 태양 에너지에 의해 공기 분자가 이온화되어 자유 전자가 밀집되어 있다. 전리층은 다양한 무선전파에 대해 각기 다른 반응을 보인다. 중파나 장파는 받아들이면서 단파는 지상으로 반사시킨다. 지상으로 반사된 단파는 다시 지상에서 반사돼 전리층에 이르지만, 전리층에서 다시 반사돼 지상으로 내려간다.

이렇게 지상과 전리층 사이에서 끊임없이 반사되며 '통통' 튀는 단파는 수천~수만km까지 전파될 수 있다. 단파는 네트워크 허브와 중계기의 제약을 받지 않는 유일한 원거리 통신 수단으로 전쟁이나 재해가 발생했을 때도 영향을 받지 않는다. 현재 단파 통신은 주로 응급상황, 방재 통신과 원거리 해외 통신에 활용되고 있다.

초단파 통신

초단파 통신은 FM 라디오와 TV 송출에 쓰인다. 초단파는 미터파라고도 부르는데 가시거리 영역에서 송신점에서 수신점에 직접 도달하는 직접파다(직선 전파). 초단파의 주파수 대역폭은 270MHz로 단파 주파수 대역폭보다 10배나 넓다. 대역폭이 넓기 때문에 통신 용량도 커서 TV, FM 라디오, 레이더 탐측, 이동 통신, 군사통신 등 다양한 영역에서 광범위하게 응용된다. 초단파를 쓰는 FM 라디오는 장파 방송보다 전파 교란 차단 능력이 뛰어나며 주야간, 날씨 변화에 의한 영향이 미미하다. 천둥번개가 치는 날씨에도 안정적인 음질을 유지할 수 있다.

마이크로파 통신

마이크로파 통신은 P2P 무선 통신 방식이다. 파장이 1m 이하인 무선 전파를 마이크로파라고 부른다. 마이크로파는 회절 능력이 떨어져 지표면에서 전송될 때는 감쇠가 빠르고 전송 거리도 짧기 때문에 공중으로 P2P 직선 전파에만 사용할 수 있다. 만약 원거리 전송을 하려면 반드시 '중계'가 이루어져야 한다. 다시 말해 마이크로파를 송수신해주는 '마이크로파 중계국'이 필요하다. 마이크로파 중계국은 앞 중계국에서 송출한 마이크로파 신호를 받아 증폭 등 처리를 한 뒤, 다시 다음 중계국으로 송출한다. 그렇게 릴레이 경주를 하듯이 최종 수신자에게 신호를 전달한다.

그래서 마이크로파 통신은 '마이크로파 중계 통신' 또는 '마이크로파 릴레이 통신'이라고도 부른다. 현재는 정지 궤도 위성을 통해 '마이크로파 중계국'을 우주 공간에 '걸어둬' 마이크로파 통신 거리를 최대로 확대해 전 세계로 정보를 보낼 수 있게 되었다.

이번 장을 읽고 다음 탐구 과제들을 진행하면서 물리학의 세계에 빠져보자.

Task 1 전기가 없던 때에 인류는 평범하면서도 안정적인 농경생활을 했다.

그러나 현대 사회에서는 다르다. 설령 여러분이 일주일, 심지어 한 달 동안 전기 없이 생활할 수 있다고 하더라도 그것은 여러분 혼자만 전기 없이 산 것이지, 사회는 여전히 전기의 힘으로 돌아가고 있고 우리는 그저 스스로 전력을 쓸 수 없다는 데서 불편함을 느낄 뿐이다. 만약 전 세계가 한 달 동안 전기 없이 생활하게 된다면 인류 사회는 어떻게 될까?

자, 이제 상상력을 발휘할 시간이다. 주위 사람들과 함께 토론해도 좋다.

Task 2 검전기에 관한 자료를 찾아보고 스스로 만들어보자.

(Tip : 검전기는 물체의 대전 여부를 검측하고 대전된 전하의 양을 대략적으로 계산하는 기구다. 물체를 검전기 금속판에 가까이 가져다 대면 물체가 지닌 전하가 유리병 안의 금속박이나 바늘 위로 옮겨간다. 같

은 전하는 서로 밀어내므로 금속박이나 바늘이 저절로 벌어져 일정한 각도를 이루게 되는데 각도의 크기에 따라 대전된 전하의 양을 예측할 수 있다.)

Task 3 '전기에너지=소비전력×시간'이다.

'킬로와트(kW)' 단위로 집안에서 사용하는 전기제품의 전력을 기록하고 매달/매주 평균 전기 사용 시간과 매주 전기 사용량을 대략적으로 추정해보자. 또 실제 전력계의 측정값과 비교한 뒤, 자신의 추정값과 실제 측정값이 다른 이유를 생각해보자.

만약 이 Task를 1년 동안 꾸준히 할 수 있다면 〈우리 집 1년 전기 사용 보고서〉를 작성해보라. 아마 생각지도 못한 놀라운 수확이 있을 것이다.

Task 4 간단한 나침반을 만들어보자.

강자성체의 자극과 같은 방향으로 바늘을 마찰시키면 바늘이 자침으로 자화된다. 자침으로 플라스틱병 뚜껑을 뚫거나 스티로폼에 꽂은 뒤, 물이 담긴 대야 안에 가볍게 놓으면 나침반이 완성된다(바늘이 없다면 클립을 사용해도 된다. 다만 사용하기 전에 펜치로 클립을 똑바로 펴서 사용한다).

Task 5 직류와 교류발전기는 구조적으로 똑같다고 볼 수 있다.

하지만 딱 한 가지 다른 점이 있다. 자료를 찾아보고 이 차이점을 알아낸 뒤 그 원리를 이해해보자. (**Tip** : 정류자가 있는 것과 없는 것을 알아보자.)

Task 6 고장 난 충전기(출력 전압이 12V 이하인 것)를 찾아 공구로 해체해서 숨겨진 '변압기'를 찾아보자.

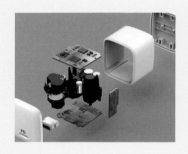

Task 7 이번 장의 내용을 바탕으로 창의력을 발휘해 간단한 전동기를 스스로 만들어보자.

(Tip : 위 그림을 참고해도 좋고 다른 재료를 활용해도 좋다. 전원은 배터리를 사용하면 된다. 단, 안전에 유의해야 한다.)

Task 8 임상의학에서 인체 장기를 검사하는 데 자기공명영상이 광범위하게 응용되고 있다.

그러나 환자 몸속에 금속(심장박동조율기, 금속 의수, 의족 등)이 있는 경우에는 사용할 수 없다. 그 이유가 무엇일까? 스스로 생각해본 다음, 자료를 찾아보고 자신의 생각이 맞았는지 확인해보자.

1. 전하량 보존 법칙과 쿨롱의 법칙

전하량 보존 법칙 : 전하는 새로 생성되거나 없어지지 않는다. 물체의 어떤 부분에서 다른 부분으로 이동하거나 어떤 물체에서 다른 물체로 이동할 뿐이며 이동 과정에서 전하의 총량은 변하지 않고 항상 처음의 전하량을 유지한다.

기본 전하량 $e=1.6\times10^{-19}$C이고 모든 대전체의 전하량은 기본 전하의 정수배이다. 이 중 양성자, 양전자의 전하량은 기본 전하와 같다. 전자의 전하량 $q=-1.6\times10^{-19}$C이다.

전기적으로 중성 상태인 물체가 전기를 띠게 만드는 과정을 '대전 과정'이라고 한다. 대전 방법에는 '마찰대전', '접촉대전', '유도대전' 세 가지가 있다.

쿨롱의 법칙 : 진공 속에서 정지하고 있는 2개의 점전하 사이에 작용하는 힘은 두 전하의 곱에 비례하고, 전하 간 거리의 제곱에 반비례하며, 작용력의 방향은 두 전하를 잇는 직선상에 있다. 이를 공식으로 표현하면, $F=k\dfrac{q_1q_2}{r^2}$이다. 이 식에서 $k=9.0\times10^9$N·n²/C²이며 '쿨롱 상수'라고 한다.

2. 전기장과 정전현상

정전기장은 전하 주변에 존재하며 전하 간 상호 작용하는 특수한 물질을 전달할 수 있다. 정전기장은 기본적으로 그 안에 놓인 전하에 작용력을 발휘한다는 성질을 가진다. 물리학에서는 전기장이 존재하는 곳에 있는 매우 작은 정지되어있는 시험 전하가 단위전하당 받는 힘을 전기장의 세기로 정의한다.

이를 식으로 표현하면 $E = \dfrac{F}{q}$ 이고 단위는 N/C 또는 V/m이다. E는 벡터량으로 전기장이 존재하는 곳의 어떤 지점에 양전하를 놓았을 때 그 전하가 받는 힘의 방향이 이 점의 전기장의 방향이다.

금속 도체를 외부 전기장 속에 놓으면 전기장의 작용에 의해 도체 내부의 자유 전자가 이동해 양쪽에 극성은 다르면서 양은 같은 전하가 나타난다. 이런 현상을 정전기 유도 현상이라고 부른다. 도체 내 자유전자가 특정 방향으로 이동하던 것을 멈추면, 도체가 정전기적 평형 상태에 놓이고, 정전기적 평형 상태에 놓인 도체 내부의 전기장의 합은 0이 된다. 또한 도체상의 임의의 두 점 사이에는 전위차(전압)가 없으며 도체가 가진 전하는 물체 표면에만 분포하게 되는데 이는 표면곡률과 관련이 있다. 금속 케이스 또는 금속 철망으로 둘러싸인 구역에서는 외부 전기장의 영향을 받지 않는데 이런 현상을 '정전 차폐'라고 한다.

3. 전기력의 일, 전위, 기전력과 전위차

전기력이 일을 하는 것은 경로와는 무관하고 시작과 끝 위치와만 관련이 있다. 균일한 전기장에서 $W=Fd=qEd$이며, 이 중 d는 전기장 방향으로의 거리다. 물체가 중력장 안에서 중력퍼텐셜에너지를 갖는 것처럼 전하는 전기장 속에서 전기력에 의한 퍼텐셜 에너지를 갖는다. 수치상으로 전하를 이 지점에서 위치 에너지가 0인 위치로 이동시킬 때 전기력이 한 일과 같다.

전기장 속 어느 한 점에서의 전기력에 의한 퍼텐셜 에너지와 전하의 전하량의 비율을 이 점의 전위라고 하며 V로 표시한다. 즉, $V=\dfrac{W}{q}$이다. 전위는 전기장에 의한 에너지의 양을 나타내며 전기장 자체로 결정되지만 그 수치는 전위가 0인 무한 원점을 어떻게 정하느냐에 따라 달라진다. 편의상, 대지나 무한히 먼 곳의 전위를 0이라고 간주한다.

전기장 속 임의의 두 점 사이 전위의 차이를 전위차라고 하는데 회로에서 이 개념은 보통 전압이라고 불린다. 전위차 값은 무한 원점의 선택과 무관하다. 어떠한 전기장에서든 A, B 두 점 사이를 전하가 이동하는데 전기력이 한 일은 $W_{AB}=qV_{AB}$이다.

4. 직류회로의 개념과 법칙

저항 법칙과 저항률 : 도체의 저항은 도체의 길이에 비례하고 횡단면적에 반비례한다. 도체의 저항은 도체의 구성 소재와도 관련이 있다. 즉, $R=\rho\dfrac{l}{S}$에서 ρ는 도체 저항률(비저항)로 도체 전도성을 반영하는 도체 재료 자체의 속성 중 하나다. 저항률은 온도와 관련이 있다. 온도가 절대영도 근처까지 떨어졌을 때, 어떤 재료의 저항률이 갑자기 0으로 감소하며 초전도체가 된다.

옴의 법칙 : 어떤 전기 회로에 흐르는 전류의 정량 관계를 보여주며 부분 회로 옴의 법칙과 폐회로 옴의 법칙으로 나뉜다. 즉, $I=\dfrac{V}{R}$와 $I=\dfrac{E}{R+r}$ (E는 기전력)이다. 금속과 전해액 전도에 적용할 수 있고 순저항회로에 적용할 수 있지만 비순저항회로에는 적용할 수 없다.

줄의 법칙과 전력 : 회로 속 전류가 도체를 흐를 때 발생시키는 열은 줄의 법칙을 만족한다. 즉, $Q=I^2Rt$이며 이 중 Q는 열량이다. 열량은 전류가 한 일과 같거나 작다. 즉, $W=qV=VIt$이다. 순저항회로에서 $Q=W$이다.

직렬회로, 병렬회로 규칙

	직렬회로	병렬회로
총저항	$R_t=R_1+R_2+\cdots+R_n$	$\dfrac{1}{R_t}=\dfrac{1}{R_1}+\dfrac{1}{R_2}+\cdots+\dfrac{1}{R_n}$
각 회로의 서로 같은 물리량	$I_1=I_2=\cdots=I_n$	$V_1=V_2=\cdots=V_n$

전류 또는 전압 분배 관계	$\dfrac{V_1}{R_1} = \dfrac{V_2}{R_2} = \cdots = \dfrac{V_n}{R_n}$	$I_1 R_1 = I_2 R_2 = \cdots = I_n R_n$
총전류	$I_t = I_1 = I_2 = \cdots = I_n$	$I_t = I_1 + I_2 + \cdots + I_n$
총전압	$V_t = V_1 + V_2 + \cdots + V_n$	$V_t = V_1 = V_2 = \cdots = V_n$
전력 분배 관계	$\dfrac{P_1}{R_1} = \dfrac{P_2}{R_2} = \cdots = \dfrac{P_n}{R_n}$	$P_1 R_1 = P_2 R_2 = \cdots = P_n R_n$

5. 자기장과 전자기 유도

자성체 주위에는 자기장이 존재한다. 외르스테드 실험 결과, 전류 주위에도 자기장이 존재함이 밝혀졌다. 전류 주위의 자기장은 '암페어 법칙'을 따른다. 자기장의 기본 성질은 그 안에 놓인 자성체, 전류, 운동하는 전하에 대해 작용이 있다는 것이다.

자기장 속에 전류가 흐를 때 전류에 작용하는 힘을 '전자기력'이라고 하고 운동하는 전하에 대한 작용력은 '로렌츠 힘'이라고 한다. 전류 방향 또는 전하 운동 방향이 자기장과 수직인 상황에서, 전자기력은 $F = BIl$이고, 로렌츠 힘은 $F = Bqv$이다. 이 식에서 B는 자속밀도로 자기장의 세기와 방향을 나타내며 자기장 자체에 의해 결정된다. 전자기력과 로렌츠 힘의 방향은 왼손/오른손 법칙으로 판단할 수 있다. 전류에 대한 자기장의 전자기력은 전동기 이론의 기초가 된다.

자기장은 레일건, 전류 천칭, 질량 분석계, 사이클로트론, 속

도선택기, 자기 유체 발전기, 전자유량계, 홀 소자 등 다양한 분야에서 응용되고 있다.

자기장으로 전류를 생산하는 과정을 '전자기 유도'라고 한다. 어떤 면적을 통과하는 자기력선 개수를 자속이라고 하면, 폐회로를 지나는 자속에 변화가 생기기만 하면 폐회로 속에 유도 전류가 생긴다. 유도 전류의 방향은 렌츠의 법칙을 따른다. 예를 들어 폐회로의 도체 일부가 자기력선을 자르고 지나가는 상황에서 유도 전류의 방향은 '오른손 법칙'으로 알 수 있다.

패러데이 전자기 유도 법칙 : 유도기전력의 세기는 이 회로를 지나는 자속의 시간적 변화율에 비례한다. 유도기전력을 E로 표현한다면, $E = N\Delta\Phi/\triangle t$이다. 이 중 N은 코일 권수(감긴 수)이다. 도체가 자기장 방향에 수직으로 움직일 때 발생하는 유도기전력은 $E = Blv$로 구할 수 있다. 이 중 l은 도체의 유효길이를 가리킨다. 패러데이 전자기 유도 법칙은 발전기 이론의 기초가 된다.

와전류 효과, 전자기 감쇠와 전자기 구동은 모두 전자기 유도를 응용한 예이다.

6. 교류전류와 변압기

교류전류는 세기와 방향이 시간에 따라 주기적으로 변하는 전류를 말한다. 가정용 회로와 공장용 동력회로는 모두 정현파 교류이다. 교류전류의 전류나 전압이 도달할 수 있는 최대치를 최댓값이라고 하고, 교류전류 열효과와 등가의 정상 전류의 값을 '교류전류의 실횻값'이라고 한다. 정현파 교류전류에 대해 실횻값과 최댓값의 관계를 식으로 표현하면 $V = \dfrac{V_m}{\sqrt{2}}$, $I = \dfrac{I_m}{\sqrt{2}}$ 이다. 일반적으로 말하는 교류 220V 전압은 실횻값이고 최댓값은 약 311V이다.

변압기를 이용하면 원거리 전력 수송 시 전기에너지 손실을 줄일 수 있다. 변압기는 철심과 철심을 감은 두 개의 코일로 이루어져 있다. 교류전원과 연결하는 코일을 1차 코일이라고 하고 부하와 연결되는 코일을 2차 코일이라고 한다. 변압기는 전류자기 효과와 전자기 유도 상호작용 원리를 이용해 작동한다. 이상변압기(전기에너지 손실이 없음)의 규칙은 다음과 같다.

전압 관계 : 2차 코일이 1개일 경우는 $\dfrac{V_1}{n_1} = \dfrac{V_2}{n_2}$, 2차 코일이 여러 개인 경우는 $\dfrac{V_1}{n_1} = \dfrac{V_2}{n_2} = \dfrac{V_3}{n_3} = \cdots$

전류 관계 : 2차 코일이 1개일 경우는 $\dfrac{I_1}{I_2} = \dfrac{n_2}{n_1}$, 입력 전력과 출력 전력이 같고 $P = VI$임을 고려하면 2차 코일이 여러 개인 경우는 $V_1 I_1 = V_2 I_2 + V_3 I_3 + \cdots\cdots + V_n I_n$

Physical
색다른 물리학

02

소리와 빛

이른 아침, 알람 소리에 눈을 뜬 여러분은 익숙한 광경을 눈에 담게 될 거예요. 늦은 밤, 높은 빌딩 옥상에서 뻗어나간 빛줄기가 캄캄한 하늘을 가르고 형형색색의 네온불빛이 화려한 도시를 수놓는 가운데, 사람들은 시끌벅적한 거리를 지나 고요한 집으로 돌아갑니다. 한적한 시골에 사는 사람들은 쏟아지는 달빛을 받으며 가족과 두런두런 이야기를 나누고 있을지도 몰라요. 이따금씩 멍멍 개 짖는 소리가 들려오고 논밭에서 개굴개굴 개구리 울음소리며 찌르르찌르르 풀벌레 울음소리가 들려오기도 해요. 이처럼 우리는 온갖 소리와 색깔로 둘러싸인 찬란한 세상에서 살아가고 있습니다. 세상이 이토록 아름다운 이유는 소리와 색깔이 있기 때문이에요.

소리와 색깔의 세계는 참 신비로워요. 소리는 왜 높낮이가 있을까요? 백색광은 어째서 일곱 가지 색깔로 나눠질까요? 3D 영화는 어떤 원리로 전용 안경을 끼고 보는 걸까요? 우리 귀에 들리지 않는 소리와 우리 눈에 보이지 않는 색깔에는 어떤 것이 있을까요? 일상 곳곳에서 소리와 색깔을 응용한 사례를 찾아볼 수 있어요. 자, 이제부터 휘황찬란한 소리와 색깔의 세계로 떠나볼까요?

핵심 내용

- 소리, 음파, 음속
- 소리의 높낮이, 소리의 세기, 소리의 맵시
- 초음파, 초저주파
- 도플러 효과
- 빛의 분산과 색깔
- 빛의 반사
- 빛의 굴절
- 빛의 간섭
- 빛의 편광
- 적외선, 자외선, X선

한밤 종소리, 나그네 배까지 들려오네!
음파

소리란 무엇인가?

'소리'가 무엇인지 모르는 사람은 없을 테지만 소리의 '정의'가
무엇이냐는 물음에 시원하게 답하기란 쉽지 않을 것이다.

지식 카드

소리는 물체의 진동에 의해 발생한 음파가 매질(공기나 고체, 액체)의 진
동으로 전달돼 사람 또는 동물의 청각기관에 감지되는 물리 현상이다. 소
리굽쇠를 두드리거나 악기의 줄을 뜯고 북을 두드리는 등 물체의 주기적
인 진동은 모두 소리를 발생시킨다.
소리는 일종의 파동이다. 소리를 내서 물체가 진동하면 주위 물질 미립자
의 탄성적 특성과 관성적 특성으로 인해 밀도가 고른 파동을 형성하게 되
는데 이것이 바로 음파다.

달 표면은 진공 상태라서 소리를 들을 수 없어.

음파는 진동 음원에서 출발해 순차적으로 하나의 미립자에서 다른 미립자로, 일정한 속도로 각 방향을 향해 전파된다. 기체, 액체, 고체 미립자는 모두 소리를 전파하는 매질이 될 수 있다. 매질이 없으면 소리는 전파되지 않기 때문에 진공 상태에서는 소리를 전달할 수 없다. 사람의 귀에 들리는 소리는 공기를 통해 전달된다. 물고기는 액체 전파를 통해 소리를 듣는다. 땅바닥을 기어 다니는 뱀은 고체 전파를 통해 소리를 듣는다.

소리는 각각의 매질에서의 전파 속도가 서로 다르다. 소리의 전파 속도(음속)는 매질의 종류, 온도, 밀도 등 요소와 관련이 있다. 동일한 매질이더라도 온도가 다를 경우, 소리의 전파 속도도 달라진다. 일반적으로 소리는 고체 속에서 전파 속도가 가장 빠르고 그다음이 액체이며 기체에서 전파 속도가 가장 느리다.

매질	음속(m·s⁻¹)	매질	음속(m·s⁻¹)
공기(15℃)	340	공기(25℃)	346
물(상온)	1500	바닷물(25℃)	1530
나일론	2600	얼음	3160
소나무	3320	대리석	3810
시멘트	4800	스틸	5200

음파의 반사, 굴절, 회절

음파는 '파동'의 하나로 반사, 굴절, 회절 등 파동의 기본 특징을 가지고 있다.

'고함을 질렀더니 산골짜기가 대답하네.' 이는 소리가 산골짜기 사이에서 여러 번 반사되면서 메아리를 형성했다는 뜻이다. 사람들은 오래전부터 메아리 현상을 연구하고 이를 실생활에 이용했다. 베이징 톈탄공원에 있는 회음벽, 삼음석, 대화석은 모두 메아리 현상을 이용했다. 사람의 귀가 메아리를 판별하려면 일단 상당히 큰 에너지의 메아리가 귀에 도달해야 하고 메아리와 원래 소리의 시차가 0.1초보다 커야 한다. 만약 메아리와 원래 소리가 전파되는 시간 차이가 0.1초보다 작으면 메아리와 원래 소리가 겹쳐져 사람의 귀로는 둘을 구분할 수 없으며 메아리가 원래 소리를 강화해 더 크게 들리게 한다. 반사면의 크기가 입사한 음파의 파장보다 훨씬 클 경우에 메아리가 가장 뚜렷하게 들린다. 공기 중 음속은 340m/s로, 메아리를 들으려면 반사면과 소리를 낸 사람의 거리가 17m 이상이어야 한다. 왜 그럴까?

1912년, '절대로 침몰하지 않을 배'라고 불린 영국의 여객선 '타이타닉호'가 첫 항해에서 미국으로 향하던 중 빙산에 부딪혀 침몰하는 비극이 발생했다. 전 세계의 이목이 집중된 가운데, 미국 과학자들은 침몰한 타이타닉호를 찾기 위해 수중 목표물을 탐측하는 음파탐지기를 만들었다. 먼저 배 위에서 음파탐지기로 음파를 내보낸 뒤, 장애물에 부딪혀 반사된 음파 신호를 받아 두 신호 사이의 시간차를 측정했다. 수중 음속을 통해 장애물까지의 거리와 해저 수심을 계산할 수 있다.

1914년, 세계 최초의 빙하탐지기가 3,000m 밖의 빙산을 측정하는 데 성공했다. 이것이 군사, 해양개발 분야에 광범위하게 쓰이는 소나SONAR·Sound Navigation And Ranging의 초기 모델이다.

고래는 박쥐와 마찬가지로 초음파로 먹이의 위치를 확인하기 때문에 수중 초음파 탐지기는 고래의 포식 활동을 방해한다.

당시唐詩 중에 "고소성 밖에 한산사 있어 한밤 종소리가 나그네 배까지 들려오네!"라는 시구는 낮보다 밤과 새벽에 종소리가 더 잘 들린다는 사실을 말해준다. 왜 그럴까? 밤과 새벽은 조용해서 시끄러운 낮보다 소리가 더 잘 들린다고 답하는 사람도 있을 것이다. 물론 이 말도 일리가 있지만 주된 원인은 소리가 '방향을 바꾸기 때문'이다. 소리는 성질이 괴팍해서 온도가 균일한 공기 속에서는 똑바로 전파되지만 공기 온도가 서로 다른 곳에서는 온도가 낮은 곳만 골라 다니기 때문에 소리의 '방향이 바뀌게' 된다.

이것이 소리의 굴절 현상이다. 낮에는 태양이 지면을 데워 지면에 가까운 공기가 상공의 온도보다 높다. 낮에는 종소리가 얼마 가지도 않은 지점에서 온도가 더 낮은 공중으로 방향을 튼다. 그래서 일정 거리 밖의 지면에서는 종소리가 희미하게 들리고, 그보다 더 먼 곳에서는 아예 종소리를 들을 수가 없다. 밤과 새

벽에는 낮과 달리 지면의 기온이 공중의 기온보다 낮기 때문에 종소리가 온도가 낮은 지면을 따라 전파돼 멀리 있는 사람의 귀에도 똑똑히 들리게 된다.

'벽에도 귀가 있다'는 말이나 '소리는 들리는데 사람은 보이지 않는' 경우는 소리의 회절 현상과 관련이 있다. 모든 파동은 회절 성질 또는 회절 능력이 있다. 회절은 파동이 전파 도중에 장

애물을 만나면 원래 전파되던 직선 경로에서 벗어나 계속 전파되는 현상을 가리킨다. 파동이 회절하려면 장애물의 크기가 파장과 비슷하거나 파장보다 더 작아야 한다.

데시벨

소리의 3요소

많은 사람이 음악을 즐긴다. 길을 걸을 때도 이어폰을 끼고
음악을 듣는다. 모두 알다시피 너무 큰 소음은 귀에 해롭다. 그
런데 사실 듣기 좋은 음악도 음량이 일정 수치를 넘어서면 달
팽이관을 손상시킨다. 그렇다면 어느 정도의 세기가 적당할까?
60데시벨 이내를 추천한다. 이어폰을 끼고도 옆 사람이 정상적
으로 하는 말을 들을 수 있는 수준의, 다시 말해 이어폰을 통해
들리는 소리가 다른 사람과의 정상적인 대화를 방해하지 않을
수준의 세기가 적당하다. 옆 사람이 하는 말이 들리지 않을 정도
의 세기라면 이미 80데시벨을 넘었다는 뜻이다. 이 경우, 청력
의 만성적인 손상이 발생 및 누적된다. 청력의 만성적인 손상은
점진적으로 진행되는 불가역적인 손상이다. 마치 따뜻한 물속
에 있던 개구리가 부지불식간에 삶아지는 것처럼 처음에는 문

제를 깨닫지 못하다가 문제를 깨달았을 때는 이미 돌이킬 수 없는 지경에 이른 뒤가 된다. 그때는 아무리 청력을 회복시키려 해도 원래 상태로 되돌릴 수 없다. 이어폰을 낀 채로 잠을 청하는 것도 금물이다.

그렇다면 데시벨이란 무엇일까? 데시벨은 소리의 세기를 나타내는 구체적인 수치이고 소리의 세기는 소리의 3요소 중 하나이다. 파동의 측면에서 음파는 주파수, 진폭 등으로 설명할 수 있다. 청각 측면에서 소리는 '높낮이, 세기, 맵시'로 설명할 수 있는데 이 세 가지를 소리의 3요소라고 부른다.

소리의 높낮이

소리의 높낮이는 소리의 주파수(진동수라고도 한다)를 가리키며 단위는 Hz를 쓴다. 소리의 높낮이는 소리의 주파수로 결정된다. 소리의 진동이 빠를수록 소리가 높고 진동이 느릴수록 소리가 낮다. 성악가 중 남성 베이스와 여성 소프라노는 소리의 높낮이에 따라 구분한 것이다. 노인의 목소리는 나지막하고 어린아이의 목소리는 낭랑하다. 보온병에서 물을 따를 때 들리는 소리로 병 안에 물이 얼마나 차 있는지 알 수 있다. 이는 공기 기

등의 길이에 따라 진동 주파수가 다르기 때문이다. 공기 기둥이 길수록 소리의 높이가 낮다. 보온병 안에 든 물이 많을수록 공기 기둥이 짧으므로 내는 소리의 높이도 높다. 특히 물이 가득 차기 직전에 소리의 높이가 갑자기 높아지므로 소리의 높낮이 변화로 보온병 안에 물이 얼마나 들었는지 판단할 수 있다.

소리의 세기

소리의 세기는 음량이라고도 하는데 주관적으로 느끼는 소리의 크기를 말한다. 소리의 세기는 음파의 진폭과 귀에서 음원까지의 거리에 따라 결정되며 데시벨(dB)로 표시한다. 데시벨은 단위가 아니라 수치이며, 소리의 세기를 '양'으로 표현하는 데 쓰인다. 생활 속에서 듣게 되는 소리는 매우 다양하다. 만약 음압(음파의 진동을 받은 대기압에 발생하는 변화)값으로 이를 표현하면 변화 범위가 여섯 자릿수(백만 배) 이상에 달해 표시하는 게 여간 불편하지 않다. 또 소리 신호의 세기에 대한 청각의 반응도 선형성을 보이는 것이 아니라 상용로그 비례 관계를 이룬다(10의 상용로그는 1, 100의 상용로그는 2,……).

그래서 데시벨 수치는 어떤 일률을 기준 일률로 나눈 값의 상용로그를 취한 다음 10을 곱한다. 데시벨의 정의에 따라, 음량이 10데시벨 증가했다는 것은 소리가 내포한 에너지(출력)가 원래의 10배가 되었다는 뜻이 된다. 따라서 데시벨이 높으면 사람의 귀가 받아들이는 음파 에너지가 굉장히 크다. 사람이 들을 수 있는 가장 낮은 소리의 세기를 0데시벨로 정의한다. 사람이 보통의 소리로 말할 때 소리의 세기는 약 50dB이고 공기 중에서 소리의 최대 크기는 194dB이다.

dB	소리
-30	30km 밖에서 사람이 말하는 소리
0	3m 밖에서 모기가 날아다니는 소리
10	매우 조용한 방
0~10	사람의 청각의 하한선
15	1m 밖에서 1cm 높이에서 클립을 땅에 떨어뜨릴 때 나는 소리
20~30	매우 고요한 밤, 소곤소곤 속삭이는 소리
40	냉장고가 돌아가는 소리
40~60	실내에서 대화하는 소리
60~70	크게 말하는 소리, 번화가, 대형 쇼핑몰
75	사람의 귀가 편안함을 느끼는 소리의 상한선
70~80	시끄러운 거리, 고속도로에서 자동차가 쌩 지나가는 소리
85	내이의 모세포가 파괴되기 시작
90	믹서기가 돌아가는 소리, 3m 밖에서 대형 트럭이 지나가는 소리
100~110	드릴링 머신이 벽을 뚫는 소리, 전기톱이 나무토막을 자르는 소리, 콘서트
120	100초 동안 들으면 일시적으로 청력을 상실함

120~140	비행기 이륙, 로켓 발사, 축구팬들의 함성
160	사람의 고막이 순식간에 찢어질 정도의 소리
170	100m 밖에서 1톤짜리 TNT 폭약이 터지는 소리

소리의 맵시

소리의 맵시는 '음색'이라고도 부른다. 물체가 진동할 때 내는 소리는 바탕음과 배음으로 이루어지는데 배음의 많고 적음, 각 배음의 상대적인 강도에 따라 소리의 맵시가 달라진다. 세상에 똑같이 생긴 나뭇잎은 하나도 없듯이 완전히 똑같은 소리도 있을 수 없다. 두 사람이 내는 소리의 높낮이와 세기는 같을 수 있지만 맵시는 절대로 같을 수 없다. 그래서 말하는 사람의 목소리만 듣고 그 사람이 누구인지 알아챌 수 있다.

들을 수 없는 소리

초음파와 초저주파

"아, 너 말 못 하는구나!", "나 말할 수 있거든. 너야말로 말 못 하잖아!"

1794년, 이탈리아의 한 생물학자가 다음과 같은 실험을 했다. 먼저 방 안에 수많은 방울을 걸어놓고 박쥐를 방 안에 풀어 자유롭게 날아다니도록 했다. 처음에 박쥐는 방울에 부딪히지 않고 잘 날아다녔다. 뒤이어 박쥐의 눈을 가려보았지만 이번에도 박쥐는 방울에 부딪히지 않고 잘 날아다녔다. 마지막으로 박쥐의 귀를 막았더니 드디어 방울 소리가 들렸다. 이는 박쥐가 시각이 아니라 인간이 들을 수 없는 소리로 물체의 위치를 파악한다는 뜻이었다.

그제야 사람들은 인간이 듣지 못하는 세계가 있음을 알게 되었다.

사람은 박쥐가 내는 소리를 들을 수 없다. 마찬가지로 박쥐도 사람이 내는 소리를 들을 수 없다. 이는 사람과 박쥐의 발성 범위와 상대방의 청각 범위가 거의 겹치지 않기 때문이다. 만약 사람과 박쥐가 대화를 한다면, 박쥐는 사람이 몸집은 커다랗고 입만 뻐끔뻐끔 벌릴 뿐 아무 소리도 못 내는 괴물이라고 생각할 것이다. 사실 사람과 박쥐는 각자 나름대로 소리를 내고 있지만 그 주파수대역이 다를 뿐이다.

사람의 귀는 20~20,000Hz 사이의 소리만 들을 수 있다. 이러한 소리의 범위를 '가청주파수'라고 한다. 20,000Hz 이상의 소리는 초음파, 20Hz 이하의 소리는 '초저주파'라고 한다. 사람과 동물의 발성 및 청각 범위는 각기 다르다.

사람의 귀에 초음파와 초저주파가 들리지 않는 이유는 청각이 둔감해서일까? 이런 의문을 품은 사람들에게 한 가지 알려주자면, 폭이 공기 분자 크기의 1/10밖에 안 되는 미세한 진동과 대기압의 10억분의 1밖에 안 되는 압력 변화도 감지할 수 있는 것이 바로 인간의 귀다. 당연히 사람의 귀에 초음파와 초저주파가 들리지 않는 이유는 청각이 둔감해서가 아니다. 학술계에서는 그 이유가 복잡한 자연 진화의 결과라고 본다. 그러나 들리지 않는다고 해서 초음파와 초저주파를 연구하고 응용할 수 없는 것은 아니다.

초음파와 초저주파의 응용

초음파는 주파수가 높고 에너지가 집중돼 있으며 투과력이 강하고 파장이 매우 짧으며 지향성이 좋고 수중 전파 거리가 길다. 그래서 수중 음파 탐지, 속도 측정, 결함 탐지, 세척, 분쇄, 살균소독 등 다양한 분야에 응용할 수 있다.

주차 거리 제어 시스템, 어선의 어군 탐지에도 초음파가 사용된다. 또한 초음파를 이용해 금속, 세라믹, 콘크리트 내부의 기포, 공동, 크랙 여부를 검사하기도 한다. 철도 레일 내부의 균열이나 손상을 측정할 때 쓰는 것이 바로 초음파 레일탐사장비다.

초음파 가습기는 진동자로 물을 격렬하게 진동시켜 물을 무수히 많은 작은 알갱이로 쪼개고, 팬으로 바람을 일으켜 물 알갱이를 공기 중으로 날려 실내 습도를 높인다.

병원에서 쓰이는 체외충격파쇄석기도 초음파를 이용한다. 초음파로 만들어낸 강렬한 충격파로 환자 체내의 결석을 격렬하게 진동시켜 잘게 부순다. 금속 부품, 유리, 세라믹 제품상에 부착된 오염물질을 제거하는 것은 꽤 골치 아픈 일이지만 초음파를 이용하면 일이 매우 쉬워진다. 이 물품들을 세척액 속에 담그고 초음파를 발사하면 세척액이 격렬하게 진동해 물품에 부착된 오염물질을 순식간에 깨끗이 세척한다.

이 밖에 초음파를 이용해 쥐와 벌레를 없앨 수도 있다. 연구 결과, 초음파는 쥐와 해충의 신경계를 파괴해 포식, 피신 등의 기본적인 행위가 불가하게 만든다. 쥐 퇴치기, 벌레 퇴치기는 모두 이 원리를 이용해 광대역 초음파로 쥐와 해충들을 퇴치한다. 이런 퇴치기는 식품과 물품을 오염시키거나 부식시키지 않으며 사람에게도 해를 끼치지 않는다.

초저주파는 주파수가 매우 낮고 파장이 길어 물이나 공기에 잘 흡수되지 않으므로, 대형 장애물을 돌아 회절이 잘 된다. 그래서 초저주파는 감쇠가 적어 어떤 초저주파의 경우에는 지구를 2~3주 동안 돌 수도 있다.

초저주파는 재난 상황 모니터링, 자연재해 예측 분야에서 요긴하게 쓰인다. 지진, 화산 폭발, 태풍 등 자연재해가 발생하기 전과 발생하는 순간에 초저주파가 발생하기 때문이다. 일상생활에서도 초저주파를 동반하는 현상을 확인할 수 있다(기선 항해, 자동차 질주, 대교 흔들림). 다만 사람의 귀가 들을 수 없는 주파수대이기 때문에 감지하지 못할 뿐이다. 동물 중에 코끼리, 개 등은 초저주파를 일부 들을 수 있다.

다만 초저주파와 관련해 주의할 점이 있다. 만약 초저주파가 주위 물체와 공진하면 엄청난 에너지를 방출한다. 예를 들어 4~8Hz 초저주파는 인체 복강 내에 공진을 일으킬 수 있는데 이 경우 심장에 격렬한 공진을 일으키고 폐의 벽을 손상시키며 심한 경우에는 사망에 이르게 할 수도 있다.

할머니, 할아버지! 들리세요?

사람 귀의 가청주파수 범위는
20~20,000Hz이지만 오랜 시간
에 걸쳐 청력에 손상을 입는 까
닭에 중년 이후부터 고주파 소
리에 대한 청력이 감소하기 시
작한다. 이를 의학 용어로 노인성
'난청'이라고 한다. 잘 느끼지 못할 뿐,
40~50세 이상의 성인 대부분이 이 같은 증상을 보인다. 그중에
는 '나이가 들어 귀가 잘 안 들린다'고 한탄하는 사람도 있는데,
유심히 관찰해보면 사실 이런 사람이 큰 소리는 잘 못 들어도
작은 소리는 잘 듣는다는 사실을 발견하게 된다.

도플러 효과

도플러 효과

운전을 하다가 단속카메라를 본 적이 있을 것이다. 안전을 위해 속도 제한 표지판을 설치하고 중요한 지점에는 자동차의 속도를 측정하는 무인 단속 카메라까지 설치한다. 이 단속 카메라는 교통경찰이 과속 차량을 단속하는 데 어떤 도움을 줄까? 그 원리를 이해하려면 먼저 도플러 효과에 대해 알아봐야 한다.

도플러 효과는 우연한 기회에 발견되었다. 1842년, 한 오스트리아인이 철도 교차로를 지나가려고 기다리고 있는데 마침 기차 한 대가 지나갔다. 그는 기차가 그를 향해 다가올수록 기차 경적 소리가 커지면서 높은 음으로 들리고, 기차가 멀어질수록 도플러 효과는 파동을 발생시키는 파원과 그 파동을 관측하는 관측자 중 하나 이상이 운동하고 있을 때 발생하는 효과이다. 파원과 관측자 사이의 거리가 좁아질 때에는 관측자에게 도달하는 소리의 주파수가 파원의 주파수보다 크고, 파원이 관측자로부터 멀어질 때는 관측자에게 도달하는 소리의 주파수가 파원의 주파수보다 작다.

경적 소리가 작아지면서 낮게 들린다는 사실을 깨달았다. 이에 흥미를 느낀 그는 이 현상을 연구한 끝에 다음과 같은 결론을 내렸다.

"파동을 발생시키는 파원과 그 파동을 관측하는 관측자 중 하나 이상이 운동하고 있을 때, 관측자가 듣게 되는 소리의 주파수가 파원의 주파수와 다르게 관측되는 현상이 발생한다. 즉, 편이 현상이 발생한다."

연구 결과, 음원이 관측자에게 다가올 때는 음파의 파장이 짧아지면서 음높이가 높아지는 반면, 음원이 관측자로부터 멀어질 때는 음파의 파장이 길어져 음높이가 낮아졌다. 음원, 관측자 사이의 상대 속도와 음속의 비가 클수록 소리 주파수의 변화, 즉 음높이의 변화도 두드러졌다(파장도 그에 맞춰 변함). 이 효과를 발견한 사람이 바로 오스트리아의 물리학자 겸 수학자였던 크리스티안 도플러$^{\text{Christian Doppler}}$였기 때문에 훗날 그의 이름을 따서 '도플러 효과'라고 불리게 되었다.

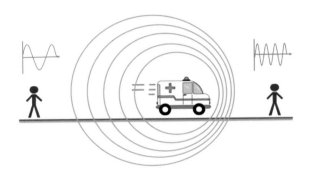

"잡았다!"

차량의 속도를 측정하는 대표적인 방법들은 다음과 같다.

하나, 지면에 유도 코일이나 유도 막대를 매설해 전자기 유도 원리로 속도를 측정한다. 즉, 차량이 루프 코일을 지나갈 때의 속도로 과속 여부를 판단하고 그에 따라 사진을 찍는다. 이런 방법은 측정 결과가 정확하다는 장점이 있지만 유지보수 비용이 높고 저온에서는 쓸 수 없기 때문에 주로 남쪽 지방에서 사용된다.

둘, 동영상을 촬영한다. 빠르게 이동하는 차량을 찍으려면 셔터 속도가 빠르고 해상도가 높아야 하며 적절한 영상 처리 알고리즘도 필요해 기술적 요구치가 높은 편이다. 또 날씨와 광선의 영향도 받는다. 현재는 정지 신호 위반 행위 등을 단속하는 데 주로 이용되고 있다.

셋, 현재 주로 사용되는 방법으로, 마이크로파 레이더로 속도를 측정한다. 이 밖에도 초음파 측정, 적외선 측정, 레이저 측정 등의 방법이 이용된다. 첫 번째, 두 번째 방법을 제외한 나머지 방법은 모두 도플러 효과를 이용했다.

도플러 효과를 어떻게 이용했다는 걸까? 간략하게 표현한 초음파 속도 측정 장치 원리로 간단히 알아보자.

작동할 때, 고정된 상자 B(속도 측정 카메라)가 피측정 차량을 향해 짧은 초음파 펄스를 방출하면 펄스가 운동하는 차량에 반사돼 다시 상자 B로 돌아온다. B에서 초음파를 발사하는 순간부터 시간을 계산해 Δt_0 시간이 지난 뒤에 다시 초음파 펄스를 발사하면 초음파를 연속 발사한 x-t 관계도를 그릴 수 있다. 첫 번째와 두 번째 초음파 펄스가 차량과 만났을 때의 위치와 B와의 거리는 각각 x_1과 x이다. 그래서 차량의 평균 속도는 $\dfrac{2(x_2 - x_1)}{t_2 - t_1 + \Delta t_0}$ 이다. Δt_0이 매우 작을 때는 차량의 순간 속도라고 생각할 수 있다. 실제 상황에서 이 같은 계산은 모두 컴퓨터가 자동으로 처리한다.

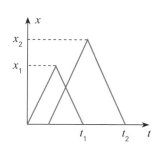

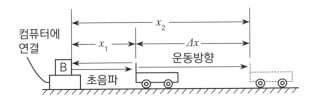

우주를 우러르며

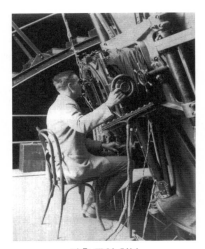

관측 중인 허블

도플러 효과는 음파뿐만 아니라 전자기파에도 적용된다. 우주대폭발 이론은 현대 우주학에서 가장 큰 영향을 미친 학설로, 1922년 미국 천문학자 허블이 관측한 적색편이현상에서 비롯되었다. 허블은 멀리 있는 은하의 천체에서 발사한 광선(전자기파) 주파수가 더 낮은 것을 발견했다. 즉, 외부은하에서 우리에게 오는 빛을 스펙트럼으로 분석해보니 적색편이가 나타났다. 도플러 효과에 따라 우주가 팽창하고 있다는 결론을 내릴 수 있었다.

1927년, 벨기에의 천문학자였던 조르주 르메트르$^{Georges Lemaitre}$가 처음으로 우주 대폭발 가설을 제기했다. 1929년, 허블은 모든 은하가 서로 멀어지고 있으며, 그 속도는 은하들끼리의 거리에 비례한다는 내용의 논문을 발표했다. 또 외부 은하의 스펙트럼에서 나타나는 적색편이의 정도가 그 거리에 비례한다는 허블의 법칙을 제시했다.

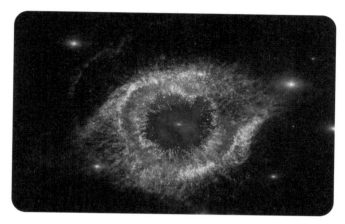

별들이 멀어지고 있어……

빛과 물체의 색깔

 앵무새 그림 한 장이 있다. 부리에 칠해진 빨간색, 날개에 칠해진 초록색은 우리가 햇빛 아래서 늘 보는 색이다. 그런데 만약 여기에 빨간빛을 비추면 부리와 날개가 무슨 색으로 보일까? 한번 시험해보라. 앵무새 부리는 여전히 빨갛게 보일 테지만 날개는 까맣게 보일 것이다. 왜 그런 걸까? 왜 물체는 색깔이 있는 걸까?

색깔은 참 신기하다. 색깔은 간단명료한 물리학 원리와 복잡미묘한 심리학 요소를 내포하고 있다. 색깔은 인간의 뇌에 존재하는 주관적 감각이라서 내가 말하는 빨간색과 타인이 말하는 빨간색은 '빨간색'이라는 이름만 같을 뿐, 완전히 같은 색이 아니다.

154

문제 하나를 내보자. 앞이 보이지 않는데도 장미꽃이 빨갛다고 할 수 있을까? 대답하기 곤란한 질문이다. 장미꽃이 빨간색인지 아닌지는 광원, 장미꽃, 사람의 눈, 대뇌가 같이 결정한다. 색깔을 정하는 데 꼭 필요한 세 가지는 빛, 물체, 관찰자이다. 이 중 물체는 다시 발광체와 비발광체로 나뉜다.

발광체의 색깔

일상생활에서 볼 수 있는 발광체는 종류가 굉장히 다양한데 태양처럼 스스로 빛을 내는 물체를 '광원'이라고 한다. 광원은 자연광원과 인공광원으로 나뉘는데 각각의 광원은 다양한 색깔의 빛을 방출한다. 발광체의 색깔은 그것이 방출하는 빛의 색깔이다. 사람의 눈으로 볼 수 있는 색은 가시광선이다. 가시광선은 전자기파 중 하나로 특정한 주파수와 파장을 가지고 있는데 이 광선들을 순서대로 배열한 것이 가시스펙트럼이다.

프리즘을 통과한 빛이 파장의 차이에 따라 여러 가지 색으로 나뉘는 현상을 처음으로 발견한 사람은 뉴턴이다. 1666년, 뉴턴은 깜깜한 방의 창문에 만든 가느다란 틈으로 들어온 햇빛이 프리즘을 통과하게 했다. 그 결과, 창문 맞은편 벽에 일곱 색깔 빛의 띠가 나타났다. 마치 비 온 뒤 맑게 갠 하늘에 걸린 무지개처럼 빨강, 주황, 노랑, 초록, 파랑, 남색, 보라, 이 일곱 가지 색깔이 연속해서 나열됐다. 이 일곱 색깔 빛의 띠가 바로 태양 스펙트럼이다. 그리고 이 일곱 색깔 빛을 다시 프리즘에 통과시키면 백색광으로 환원된다. 연구 결과, 빨강, 초록, 파랑, 이 세 가지 색깔만으로도 하양을 합성할 수 있어서 빨강, 초록, 파랑을 3원색이라고 부르게 되었다. 자연계에 존재하는 색깔 중에 순수한 원색은 없으며 모든 물체는 여러 색깔이 섞인 형태로 존재한다.

태양 스펙트럼의 색광별 파장과 주파수

색깔	빨강	주황	노랑	초록	파랑	남색	보라
파장 (mm)	740~625	625~590	590~565	565~500	500~485	485~440	440~380
주파수 ($\times 10^{14}$Hz)	4.1~4.8	4.8~5.1	5.1~5.3	5.3~6.0	6.0~6.2	6.2~6.8	6.8~7.9

비발광체의 색깔

발광체의 색깔은 발광체가 방출하는 빛의 색깔이다. 그렇다면 비발광체의 색깔은 어떠할까? 태양빛이 대지를 비추면 세상은 오색찬란한 색을 띠기 시작한다. 이는 순전히 빛의 노고가 아니라 세상이 힘을 보탠 덕분이다. 빛이 물체를 비추면, 물체는 흡수, 투과, 반사, 굴절, 간섭, 회절, 산란, 방사 등 여러 가지 반응을 일으키는데 이 중 가장 흔한 반응은 흡수와 반사다. 다양한 색깔의 빛에 대해 각 물체가 보이는 반사성과 흡수성이 서로 달라서 빛의 스펙트럼도 다르게 관찰된다. 각기 다른 빛의 스펙트럼이 눈에 들어오면 서로 다른 색깔로 인지된다.

비발광체는 다시 투명체와 불투명체로 나뉜다. 투명체의 색깔은 빛이 물체를 통과한 뒤에 나타난다. 파란색 유리가 파란색을 띠는 이유는 파란색 빛만 투과시키고 나머지 빛은 흡수하기 때문이다. 발광하지도 않고 투명하지 않은 물체의 색깔은 반사 스펙트럼에 의해 결정된다. 단색인 물체라 할지라도 반사스펙트럼에는 여러 가지 파장의 색광이 포함되어 있다. 예를 들어 녹색 나뭇잎의 반사스펙트럼을 기기로 분석하면 녹색 주파수대뿐만 아니라 파란색부터 빨간색까지 모두 반사하는 것을 알 수 있다.

다시 말해 우리 눈에 보이는 녹색 나뭇잎 속에는 파란색, 노란색, 빨간색, 보라색 등 다양한 색이 포함되어 있다는 말이다. 나뭇잎의 녹색은 사람의 눈이 대뇌에 전달한 전체적인 인상으로, 눈이 받아들인 모든 파장의 빛을 중첩시킨 결과물이다. 어떤 물체도 색광을 전부 흡수하거나 반사할 수 없다. 그래서 사실상 완전한 검은색이나 흰색은 있을 수 없다. 흔히 무채색이라고 불리는 검은색, 흰색, 회색 중, 흰색 물체의 빛 반사율은 64~92.3%, 회색의 빛 반사율은 10~64%이다. 검은색의 반사율은 10% 이내이지만 그렇다고 반사가 안 되는 것은 아니다.

깜짝 놀랐지? 사실 난 초록색이 아니라 온갖 색이 합쳐져 있다고!

요술거울과 만화경
빛의 반사

    우리는 평소에 거울 앞에서 몸단장을 한다. 만약 매끈한 거울 표면을 울룩불룩한 곡면으로 만들면 거울에 비친 우리의 모습도 올록볼록 우스운 모양으로 바뀌는 요술거울이 된다. 하지만 요술거울도 평범한 평면거울처럼 빛의 반사로 상이 맺히기 때문에 빛의 반사 법칙을 따른다.

나는 사과⋯⋯가 아니라 배야!

빛의 반사는 빛이 한 매질에서 다른 매질로 진행할 때, 두 매질의 경계면에서 빛의 일부가 진행 방향을 바꿔 원래의 매질로 되돌아가는 현상을 가리킨다.

빛의 반사 법칙 : 빛이 반사할 때 입사 광선, 반사 광선, 법선은 한 평면 위에 있고, 입사 광선과 반사 광선은 법선의 양쪽에 있으며 입사각과 반사각의 크기는 항상 같다. 반사 현상에서 빛의 경로는 가역적이다. 즉, 빛은 반사광선의 경로를 따라 역진해 경계면에 투사되어 원래 입사광선의 방향으로 반사되어 나갈 수 있다.

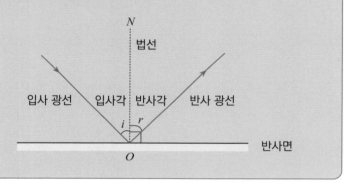

빛이 매질 표면을 비출 때, 매질 표면의 반사 성질의 차이로 인해 반사 광선의 특성도 달라진다. 중고등과정에서는 빛의 반사를 정반사와 난반사, 이 두 가지로 나눈다.

평행하게 입사한 광선이 반사돼 나갈 때도 평행하게 나가는 현상을 전반사 또는 '거울반사'라고 한다. 일반적인 거울은 평면거울의 정반사를 이용한다. 평면거울에 맺히는 상은 모양과 크기가 같고 좌우가 반대인 허상으로 상과 물체는 거울면에 대해

160

대칭이다. '거울 속의 꽃, 물속의 달'이 허상을 뜻하는 이유는 거울 속의 꽃과 물속의 달이 진짜 '꽃', 과 '달'이 아님을 모두가 알고 있기 때문이다. 매끄러운 유리 표면, 잔잔한 수면에서도 전반사가 일어나 색다른 시각적 경험을 선사한다.

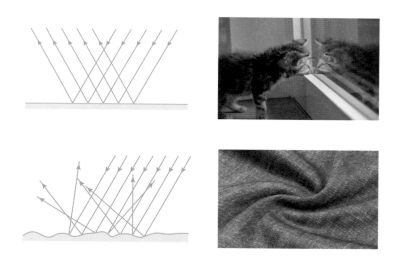

평행한 광선이 표면이 고르지 않고 울퉁불퉁한 면에 입사하여 반사될 때 여러 방향으로 퍼지는 것을 '난반사'라고 한다. 우리가 물체의 정확한 모양을 똑바로 볼 수 있는 것은 난반사 때문이다. 정반사와 난반사 외에도, 빛의 반사 형식 중에 '확산 반사'라는 것이 있다.

확산 반사는 원래 음파 반사에 쓰인 용어였다. 빛이 고르고 매끄러워 보이는 물체 표면에서 반사될 때 특정 방향으로 원뿔 형상의 반사광선 다발을 형성하는 것이 관찰됐다. 금박, 알루미늄박 등 금속 광택 표면에서는 이런 형식의 반사 현상이 일어난다.

만약 반사광선 다발의 원뿔각 범위에서 역진해 관찰하면 물체 표면의 반사점이 밝아 보이는데 그 밝기가 좀 다르게 느껴진다. 그 이유는 반사가 일어난 물체 표면이 미세하게 울퉁불퉁해서 광선 다발이 일부는 정반사되고 일부는 난반사돼 반사가 중첩되기 때문이다. 반사의 중첩은 아름다운 대칭 형상을 만들어내기도 한다.

광학 완구 중에 만화경이라는 것이 있다. 선명한 색깔의 물체를 원통 안 한쪽 끝에 놓고 원통 속에 평면거울 세 장을 넣은 다음, 원통의 반대쪽 끝을 구멍이 뚫린 유리로 막는다. 그리고 구멍을 통해 원통 안을 들여다보면 끝없이 변하는 환상적인 무늬들을 관찰할 수 있다. 만화경은 19세기 초, 광학 연구에 헌신한 스코틀랜드의 물리학자 데이비드 브루스터 경Sir David Brewster이 발명했다.

브루스터는 거울 세 장을 원통 안에 넣고 색종이를 원통 끝에 있는 두 장의 유리 사이에 넣은 뒤, 거울의 반사를 이용해 여러 형태의 중첩된 무늬를 만들어냈는데, 만화경을 돌리면 끊임없이 변하는 무늬를 관찰할 수 있었다. 살짝 돌리는 것만으로도 신기한 무늬를 만들어낼 수 있는 만화경은 단숨에 전 세계 사람들의 시선을 사로잡았다. 놀랍게도 한번 본 무늬를 다시 보려면 적어도 만화경을 수백 년은 더 돌려야 한다. 한마디로 각각의 무늬가 다 유일무이한 것이니 한 번 볼 때 유심히 관찰해보라.

만화경이 만들어내는 기묘한 세계

환상적인 기상 현상은 언제 나타날까?
빛의 굴절과 전반사

"물이 맑아 수심이 얕은 줄 알았더니, 연잎이 흔들리니 물고기 놀라 헤엄쳐가네."

이 시구에서 '수심이 얕은 줄 알았다'라고 한 이유가 무엇일까? 수무지개와 암무지개는 모두 오색찬란한데 둘의 차이는 무엇일까? 신기루는 왜 나타날까? 빛의 굴절과 전반사를 이해하면 이 문제들의 답도 알 수 있다.

'물이 맑아 수심이 얕은 줄 알았다.' 물 밖에서 물속의 물체를 들여다보면 수면으로부터 물체까지의 거리가 더 가까워 보인다. 빛이 물속에서 공기 중으로 비스듬히 입사할 때, 굴절각이 입사각보다 커서 빛의 경로를 역진해 관찰하면 빛이 물체 위쪽의 어느 점에서 나온 것처럼 보인다. 우리 눈에 보이는 것은 광선이 굴절돼 형성한 허상이다. 물이 가득 담긴 대접 속에 젓가락

빛의 굴절 법칙(스넬의 법칙) : 입사면(입사 광선의 방향과 경계면의 법선을 포함하는 면)과 굴절면(굴절 광선의 방향과 경계면의 법선을 포함하는 면)은 같은 평면 내에 있고, 굴절 광선과 입사 광선은 법선의 양쪽에 있다. 입사각과 굴절각의 사인값의 비는 두 매질의 절대굴절률의 비와 그 값이 같다. 즉, $\frac{\sin i}{\sin r} = n$이다.

진공에서 투명한 매질로 빛이 입사할 때 발생하는 굴절에 대해, 앞의 관계식 중 n을 절대굴절률이라고 하며 줄여서 '굴절률'이라고 한다. 굴절률은 매질의 빛 전달 특성을 반영한다. 주파수가 다른 빛은 동일한 매질 내에서 굴절률이 약간 다르다. 자외선의 굴절률이 적외선의 굴절률보다 크고 절대굴절률은 다 1보다 크다. 빛의 굴절에서 빛의 경로는 가역적이다.

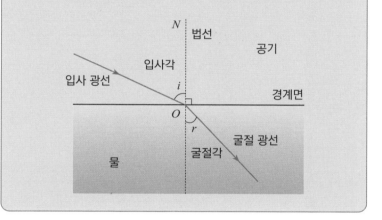

을 넣으면 젓가락이 위로 휘어 보이는 것도 같은 이치다.

굴절로 인한 허상은 빛이 직선으로 전파된다는 경험에 따른 판단일 뿐이며 상과 물체의 실제 위치는 일치하지 않는다. 실제로 물 밖에서 물속의 물체를 볼 때나 물속에서 물 밖의 물체를 볼 때, 허상은 실제 위치보다 높은 곳에 있다. 그렇다면 한번 생각해보자. 작살로 고기를 잡는다면, 어디를 조준해야 할까?

프리즘은 널리 사용되는 광학 장치로 빛을 굴절시킬 수 있는 광학적 평면을 2개 이상 가지고 있다. 입사된 평행 광선을 두 번 굴절시켜 다른 방향으로 내보내는데, 이때 나가는 평행 광선은 밑변 방향으로 굴절된다. 굴절각은 굴절률과 관련이 있다. 동일한 매질이라도 각기 다른 색광에 대한 굴절률이 다르기 때문에 각 색광의 굴절각이 다르다. 그래서 백색광이 프리즘에서 굴절된 뒤 분광 현상을 일으켜 '일곱 가지 색깔'로 나뉘는 것이다(실제로는 굉장히 많은 색으로 나뉘지만 편의상 일곱 가지 색으로만 구별한다).

비가 그치고 날이 개면 무지개가 뜨는 것도 빛의 굴절, 분광 때문이지만 빛의 전반사도 영향을 미친다.

지식 카드

전반사(빛이 전부 반사하는 현상) : 빛이 굴절률이 큰 매질(밀한 매질)에서 굴절률이 작은 매질(소한 매질)로 진행하는 경우, 굴절의 법칙에 따라 굴절각이 항상 입사각보다 크다. 굴절각이 90°일 때의 입사각을 임계각이라고 하고 C로 표시하며 $\sin C = 1/n$이다.

전반사가 일어나는 조건 : 빛이 밀한 매질에서 소한 매질로 진행하고, 입사각이 임계각보다 크다.

비 온 뒤 하늘에는 무수히 많은 작은 물방울이 떠 있다. 햇빛이 구형에 가까운 모양의 작은 물방울들을 비추면 일정한 조건에서 수무지개가 생
기고 때로는 암무지
개가 생기기도 한다.
수무지개는 물방울
내에서 빛이 두 번의
굴절과 한 번의 전반
사를 거치며 만들어진다. 암무지개는 물방울 내에서 빛이 두 번
의 굴절과 두 번의 전반사를 거치며 만들어진다. 수무지개는 빨
간색이 가장 위쪽에 있고 나머지 색이 그 아래쪽에 있는 반면,
암무지개는 빨간색이 안쪽에 있다. 암무지개는 수무지개보다
흐릿한 편이다.

그 이유는 두 번의 전반사 때문에 더 많은 빛에너지를 소모했
고 수무지개보다 폭넓게 분포하게 되었기 때문이다. 가끔 하늘
에 수무지개와 암무지개가 동시에 떠 있는 것을 보게 되는데 암
무지개는 늘 수무지개의 바깥쪽에 나타나며 수무지개와 같은
중점을 가진다. 암무지개가 수무지개보다 더 흐리기 때문에 2차
무지개라고도 불린다.

빛의 굴절과 전반사는 신기루의 원인이기도 하다. 신기루가
나타나는 것은 지리적 위치, 대기 상황과 밀접한 관계가 있다.
산둥 펑라이 바다에서 종종 신기루 현상을 볼 수 있다. 선인들은
이것이 교룡의 일종인 신(대합조개)이 토해낸 기氣가 수상 누각이

된 것이라고 생각했다. 신기루는 같은 장소에서 반복해서 나타
난다. 신기루란 멀리 있는 물체상에서 공중으로 뻗어나간 빛이
밀도가 서로 다른 공기층에서 굴절하거나 심지어 전반사하면서
점차 지면 쪽으로 구부러져 관찰되는 현상이다.

　역광에서 보면 멀리 있는 물체를 '볼' 수 있다. 신기루는 위 신
기루와 아래 신기루로 나뉜다. 위 신기루는 물체의 실제 위치보
다 위쪽에 위치하고 똑바로 서 있는 모습이다. 아래의 신기루는
물체의 실제 위치보다 아래쪽에 위치하고 위아래가 뒤집힌 모
습이다. 위의 신기루는 바다에서 자주 나타나는데 '파타 모르가
나Fatamorgana'라고도 불린다. 아래 신기루는 사막과 뙤약볕 아래
아스팔트길에서 자주 나타나는 까닭에 '사막 신기루', '고속도로
신기루'라고도 불리며, 지면반사로 인
해 형상이 불안정해 보인다. 여
름철에 뜨거운 아스팔트길
을 달리다 보면 앞쪽 도
로가 물이 넘실거리는
것처럼 보이는 것도 아
래 신기루다.

그건 과학……, 광학 현상이
라고. 내가 토해낸 게 아니란
말이야!

비눗방울은 왜 알록달록할까?
빛의 간섭

비눗물을 '후' 하고 불
면 다채로운 빛깔의 비
눗방울이 생겨난다. 살
랑바람에 가볍게 춤추
는 거품은 햇빛이 비치

는 각도에 따라 신비로운 색을 드러낸다. 비눗방울의 기름막 자
체는 무색인데 왜 비눗방울은 알록달록 무지갯빛을 띠는 걸까?

잔잔한 연못에 돌멩이를 던지면 수면 위로 잔물결이 퍼진다.
같은 높이에서 크기가 똑같은 돌멩이 두 개를 동시에 던지면 두
돌멩이가 일으킨 물결이 서로 만나는 곳에서 수면이 더 격렬하
게 출렁인다. 물결파의 중심에서 바깥쪽으로 동심원 모양의 물
결무늬도 있고 방사형 물결무늬도 있다. 이처럼 동일한 물결파

두 개가 서로 만나 겹쳐지는 것을 '간섭'이라고 한다. 간섭은 파동의 기본 특징 중 하나다. 음파도 간섭 현상이 있듯이 두 개의 광파(빛)가 만날 때도 간섭이 발생할 수 있다.

보통의 광원이 방출하는 빛은 간섭성 빛$^{\text{Coherent light}}$이 아니다.

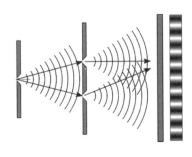

간섭성 빛을 얻는 것이 빛의 간섭을 관찰하는 데 최대의 난제다. 1801년, 영국의 물리학자 토마스 영$^{\text{Thomas Young}}$은 실험실에서 최초로 빛의 간섭

을 관찰하는 데 성공했다. 영은 단일광원으로부터 나오는 빛을 서로 가까이 위치한 두 개의 슬릿에 비춰 간섭성 빛을 얻어 이 중 슬릿 뒤쪽의 백색광 스크린 상에서 밝은 무늬와 어두운 무늬가 서로 이어진 간섭무늬를 확인했다.

이 밖에도 간섭성 빛을 얻는 중요한 방법이 있다. 빛을 박막 위에 비추면 일부는 얇은 막의 앞쪽 표면에서 반사되고 나머지는 액체 막 안으로 굴절해 들어가 막의 뒤쪽 표면에서 반사된다. 이 두 부분의 빛은 동일한 입사광에서 만들어졌으므로 간섭조건을 만족한다. 비눗방울은 중력의 작용으로 쐐기형 박막을 형성하는데 빛은 비눗방울의 앞뒤 표면에서 두 번 반사된다. 반사광은 간섭성 빛으로 간섭을 발생시킨다. 이런 간섭을 '박막 간섭(얇은 막 간섭)'이라고 한다.

비눗방울이 다채로운 색을 띠는 이유를 알아보자.

비눗방울의 막 자체는 투명한 셀로판지처럼 무색이고 빛이 박막의 앞면과 뒷면에서 두 번 반사된다. 밖에서 막을 뚫고 들어갔다가 안쪽에서 반사돼 돌아오는 빛과 바깥쪽 표면에서 바로 반사된 빛이 간섭을 일으켜 일부 빛은 서로 보강해 더 강해지고 일부 빛은 서로 상쇄해 더 약해지거나 아예 완전 상쇄하기도 한다. 빛은 여러 가지 단색광으로 이루어져 있다. 만약 비눗방울의 어느 한 곳에서 마침 반사돼 되돌아온 두 빨간빛이 서로 상쇄하

 면 이곳에서는 빨간색이 빠진 빛을 보게 되므로 파란색과 초록색으로 보인다. 만약 비눗방울의 또 다른 부분에서 특정 색이 보강되었다면 그곳은 또 다른 색으로 보일 것이다. 이처럼 비눗방울은 햇빛을 분해해 알록달록한 다양한 무늬를 만들어낸다.

박막 간섭 현상은 생활 속 곳곳에서 관찰된다. 비눗방울뿐만 아니라, 빛이 투명한 박막을 비추는 모든 상황에서 발생할 수 있다. 예를 들어 수면이나 유리 위의 기름막, 잠자리 날개, CD 등이 햇빛을 받으면 오색찬연한 색을 띠는 것도 박막 간섭 현상으로 인한 것이다.

박막이 공기여도 똑같이 박막 간섭 현상이 발생한다. 예를 들어 쐐기형 평판 간섭과 뉴턴링이 그러하다. 평평한 유리판 두 개 사이에 아주 작은 각도가 생기게 만들면 쐐기형 공기 박막이 형성된다. 파장을 알고 있는 단색 평행 광선을 비추면 공기 박막 위아래 표면에서 반사되는 빛이 간섭을 일으킨다. 만약 유리판 표면이 미세하게 울퉁불퉁하다면 간격이 고르지 않은 간섭무늬를 관찰하게 된다. 유리판 표면이 고르다면 규칙적인 간섭무늬를 관찰하게 된다. 이는 평면이 고른지를 검사하는 데 쓸 수 있는데 미크론(마이크로미터) 단위까지 정밀하게 검사할 수 있다.

뉴턴링(뉴턴의 원무늬)은 뉴턴이 1675년에 관찰한 간섭 현상이다. 곡률 반지름이 매우 큰 볼록렌즈의 볼록면을 평면유리 위에 대고 위쪽에서 수직으로 빛을 쬐어주면 암점인 접촉점을 중심으로 여러 개의 명암이 뚜렷한 알록달록한 동심원 무늬가 나타난다. 만약 단색광을 비추면 명암이 뚜렷한 단색 동심원 무늬가 나타난다. 이 동심원들의 간격은 고르지가 않은데 중심점에서 멀어질수록 폭이 좁아진다. 이것은 구면과 평면에서 반사한 빛이 서로 간섭해서 형성한 간섭무늬다. 광학 부품을 가공할 때, 뉴턴링의 원리를 이용해 평면과 곡면의 표면 정밀도를 검사하고 있다.

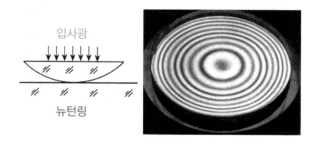

박막 간섭을 이용해 반사방지막과 투과방지막을 만들 수 있다. 박막의 광학적 두께가 입사광 파장의 1/4일 때, 모든 반사광이 서로 겹쳐져서 반사가 상쇄해 투과도를 높일 수 있다. 이러한 막을 반사방지막, 또는 증투막이라고 부른다. 안경, 카메라 렌즈 표면에 반사방지막을 증착하면 은은한 남보라색을 띤다. 가시광선은 여러 가지 색이 있는 반면, 막의 두께는 한번 정해지면 그 두께가 유일하기 때문에 한 가지 색의 반사 방지 효과만 낼 수 있다. 가시광선 중 녹색광이 많은 편이기 때문에 일반적으로 녹색광 파장을 기준으로 반사방지막의 두께를 정한다. 이 경우, 녹색광은 반사가 없으므로 렌즈가 은은한 남보라색을 띠게 된다. 같은 이치로, 빛의 반사를 증가시키고 싶다면 물체 표면에 투과방지막을 코팅하면 된다. 이때는 박막의 광학적 두께가 입사광 파장의 1/2이면 된다. 투과방지막은 자동차 유리창 코팅, 전시회장 스포트라이트, 스키 고글 등에 쓰인다.

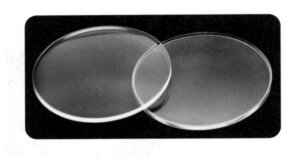

빛의 편광

2009년, 〈아바타〉 개봉을 계기로 3D 영화에 관심이 쏠렸다. 3D 영화는 관객의 몰입감을 높인다. 영화 속 장면이 스크린 밖으로 튀어나와 손만 뻗으면 닿을 듯하고 강한 현존감을 느낄 수 있다. 3D 영화는 '입체 영화'라고  도 불린다. 입체적인 영화 화면을 즐기기 위해서는 특수 제작된 안경을 써야 한다. 특수 안경을 쓰지 않고 맨눈으로 스크린 속 장면을 보면 형상이 흐릿해 보인다. 왜 그럴까? 이 문제에 답하기 전에 먼저 횡파와 종파에 대해서 알아보자.

횡파? 종파?

매질의 진동 방향과 파동의 진행 방향이 수직을 이룰 때의 파동을 '횡파'라고 하고, 매질의 진동 방향과 파동의 진행 방향이 같을 때의 파동을 '종파'라고 한다. 유연한 끈을 준비해 한쪽 끝은 벽에 고정하고 반대쪽 끝을 잡고 위아래로 흔들 경우, 끈은 횡파 형태로 출렁이게 된다. 만약 끈을 슬릿이 있는 나무판에 꿰어 슬릿과 진동 방향이 같게 만들면, 진동은 슬릿을 통해 나무판의 반대쪽으로 전달된다. 만약 슬릿과 진동 방향이 수직을 이루면 진동이 슬릿에 가로막혀 앞으로 전달되지 않는다. 만약 이 끈을 가는 용수철로 바꾸고 앞뒤로 움직이게 한다면 종파가 형성된다. 슬릿을 어떻게 놓든 용수철이 형성한 종파는 슬릿을 통해 나무판의 반대쪽으로 전달된다.

위에서 말한 현상을 참고해, 비슷한 실험을 통해 광파(빛)의 횡파 또는 종파 여부를 판단할 수 있다. 슬릿이 있는 나무판 대신 편광자를 사용해 광파의 모습을 관찰한다. 편광 안 된 빛에서 특정한 방향으로 선형편광된 빛만 투과시키는 기구를 '편광자'라고 한다. 편광기의 빛에 대한 작용은 슬릿의 역학적 파동에 대한 작용과 같다. 태양빛이나 전등빛을 광원으로 사용한 실험 결과는 다음과 같다.

편광자가 하나일 경우, 빛의 전파 방향을 축으로 편광자를 회전시켜도 투과광 강도는 변하지 않는다. 편광자가 두 개인 경우, 두 편광자의 투과 방향이 평행할 때 투과광 강도가 가장 크지만 편광자 하나를 통과할 때보다는 약하다. 편광자 두 개의 투과 방향이 수직일 경우, 투과광 강도가 가장 약해 0에 가깝다. 위 실험은 빛이 횡파임을 보여준다.

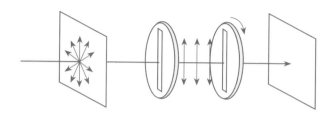

빛의 편광과 응용 사례

광원(태양, 전등, 초 등)에서 직접 방출되는 빛을 자연광이라고 하는데 자연광은 각 방향의 진동 강도가 똑같다. 자연광은 편광자를 거치면 특정한 방향을 따라서만 진동하는데 이를 '편광'이라고 한다.

지식 카드

빛의 편광은 빛의 진동 방향이 전파 방향에 대해 비대칭인 것을 가리키는 것으로 횡파가 종파와 가장 뚜렷하게 구별되는 점이다. 광원에서 직접 방출되는 빛을 제외하고 우리가 흔히 보는 대부분의 빛은 편광이다. 자연광을 서로 다른 매질의 경계면에 비출 때, 만약 빛이 입사하는 방향이 적당해서 반사광과 굴절광 사이의 끼인각이 딱 90°이면, 이때의 반사광과 굴절광은 모두 편광된 것이며 편광 방향은 서로 수직이다. 이때의 입사각이 브루스터 각(Brewster's angle)이다.

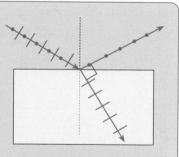

3D 영화는 빛의 편광 현상을 응용한 것이다. 좌우 양쪽의 눈으로 동시에 물체를 관찰하는 경우, 시야가 확대되고 물체의 원근을 파악하게 되어 입체감이 생성된다. 3D 영화는 마치 사람의 두 눈처럼 두 대의 촬영카메라가 서로 다른 두 방향에서 동시에 촬영해 하나의 영상으로 편집한다. 3D 영화를 상영할 때는 편광자가 장착된 두 대의 영사기에서 두 대의 촬영카메라로 촬영한 영상을 동시에 방영한다. 그러면 약간 차이가 있는 두 개의 편광 영상이 스크린에 겹쳐진다. 관객이 편광 안경을 쓰고 보면 좌우 안경으로 그에 상응하는 편광 영상 하나씩만 보게 된다. 즉, 왼쪽 눈은 왼쪽 영사기에서 내보낸 화면만 볼 수 있고 오른쪽 눈은 오른쪽 영사기에서 내보낸 화면만 볼 수 있다. 그 결과 입체감이 생긴다. 우리가 3D 영화를 즐길 때 편광 안경을 써야하는 이유는 바로 이 때문이다.

빛의 편광 현상은 다양한 분야에 응용된다. 물체를 촬영할 때, 물체 표면에서 빛이 사방으로 흩어지면 영상의 질에 심각한 영향을 미친다. 이처럼 산란된 빛이나 눈부심을 유발하는 빛 등의

간섭을 줄이기 위해 렌즈 앞쪽에 편광렌즈를 넣을 수 있다. 영상 소프트웨어는 갖가지 필터 효과를 만들어낼 수 있지만 편광렌즈 효과만은 모방하지 못해 실제로 촬영할 때 적용해야 한다. 풍경을 촬영할 때, 편광렌즈는 대체불가능한 역할을 한다. 물 속 풍경을 찍을 때, 수면의 반사광을 없애고 오색찬란한 물속을 찍을 수 있다. 쇼윈도를 찍을 때는 유리에 반사된 네온불빛을 없애고 쇼윈도 안의 전시품만 찍을 수 있다. 푸른 하늘에 떠 있는 흰 구름을 찍을 때는 공중의 반사광 중 일부를 필터링해 푸른색을 더 짙게 만들어 흰 구름이 도드라져 보이게 할 수 있다. 눈부심을 최소화하는 기능이 있는 선글라스도 편광렌즈를 활용한다.

적외선, 자외선, X선

햇빛에 포함된 '빛'에는 전파, 마이크로파, 적외선, 가시광선, 자외선, X선, 감마선이 있다. 이 중에는 사람의 눈에 보이지 않지만 실제로 우리 주변에 존재해 생활에 영향을 미치는 것도 있다. 이런 종류의 빛은 가시광선과 함께 모두 전자기파에 속한다.

전자기파는 종류에 상관없이 진공 속 전파 속도가 동일하다. 즉, 광속 $c = 3.0 \times 10^8$m/s이다. 그리고 전자기파의 파장과 진동수는 반비례한다.$(c = \lambda f)$ 가시광선의 진동수는 전파 진동수보다 더 크며 가시광선의 파장은 전파의 파장보다 더 짧다. X선과 감마선의 진동수는 그보다도 훨씬 크고 파장은 훨씬 짧다.

다양한 전자기파를 종합적으로 이해하기 위해 전자기파를 주파수(진동수) 또는 파장에 따라 늘어놓은 띠를 '전자기스펙트럼'이라고 한다. 전자기스펙트럼은 주파수가 작은 것부터 큰 것 순으로, 전파, 마이크로파, 적외선, 가시광선, 자외선, X선, 감마선으로 나눠진다. 이 중 전파와 마이크로파는 1장에서 이미 소개했고 감마선은 다음 장에서 살펴볼 것이므로, 여기에서는 적외선, 자외선, X선에 대해 알아보기로 한다.

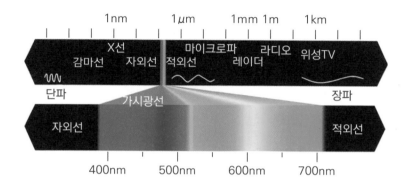

적외선

항성천문학의 아버지로 불리는 영국의 천문학자 윌리엄 허셜$^{\text{William Herschel}}$은 1800년에 적외선을 발견했다. 허셜은 프리즘을 이용해 태양빛을 분해해 빛스펙트럼 속 각 색광의 열효과를 연구했다. 그 결과 빛스펙트럼 중 빨간색 영역 바깥

허셜

쪽의 온도가 오르는 속도가 가장 빨랐다. 빨간색 영역 바깥쪽에서 보이지 않는 빛이 온도계에 조사되었다는 뜻이다. 이는 태양

빛스펙트럼의 빨간색 바깥쪽에 분명히 보이지 않는 빛이 존재한다는 것을 의미했는데, 이 빛이 적외선이다. 적외선은 가시광선 빨간색 영역보다 파장이 긴, 보이지 않는 빛인데 파장 범위가 750~1×10^6nm 사이로 매우 넓다.

　모든 물체는 자체 분자 운동으로 인해 끊임없이 주위 공간으로 적외선을 방출한다. 물체의 온도가 높을수록 적외선 방출 능력도 강하다. 물체가 방출하는 적외선 에너지 세기는 파장의 분포 및 표면 온도와 밀접한 관련이 있다. 물체의 적외선 복사 출력 정보를 전기적 신호로 바꾸면 표면 온도를 정확하게 알 수 있다. 물체 표면 온도의 공간 분포를 캡처하여 전자 시스템으로 처리해 모니터에 전달하면 물체 표면 열분포에 상응하는 적외선 열영상을 얻을 수 있다. 이 방법을 이용하면 원격으로 목표물의 온도를 측정할 수 있고 열영상을 분석할 수 있다. 이것이 적외선 검측기(적외선 야시경 등)의 기본 원리다.

항공기 적외선 열영상을 보면 온도가 높은 엔진 부분이 훨씬 밝다.

적외선은 다양하게 응용할 수 있다. 적외선의 두드러진 특징은 '열작용'이다. 물체가 적외선을 흡수하면 온도가 상승한다. 이 원리를 이용해 적외선을 관절염 부위에 조사해 류마티스 관절염을 치료할 수 있다. 부엌에서 쓰는 오븐도 적외선의 열작용을 이용한다. 이 밖에도 파장 길이가 긴 특징을 이용해 원격 조종과 원격 감지 분야에서도 활용한다. TV 리모컨, 자동문, 감지식 자동 수도꼭지는 적외선을 통해 제어하는 것이다. 적외선 원격 탐지 기술은 멀리 있는 물체가 반사 또는 복사하는, 적외선 특성 차이를 가진 정보를 탐지해 그 성질, 상태, 변화 규칙을 확정한다. 그래서 군사 정찰, 일기예보, 지질 탐사, 오염 모니터링 등 다양한 분야에서 광범위하게 응용되고 있다.

자외선

1801년, 독일의 화학자 리터J.W. Richter가 자외선을 발견했다. 리터는 염화은 용액에 담갔다 뺀 종이를 프리즘으로 분해한 가시광선 스펙트럼의 보라색 영역 바깥쪽에 놓았다. 그 결과, 보라색 영역 바깥쪽 종이가 까맣게 변했다. 이는 우리 눈에 보이지 않는 빛이 이 부분에 조사照射되었음을 의미한다. 이 빛이 바로 자외선이다. 자외선 파장은 가시광선 보라색 영역보다 짧아 파장 범위가 10~400nm이다. 고온의 물체가 방출하는 빛에는 대개 자외선이 포함되어 있다. 자외선을 조사照射하면 형광, 화학 작용이

일부 다이아몬드는 자외선을
받으면 파란색 형광성 빛을 낸다.

일어난다.

자외선은 사진건판을 강하게 감광시키고 다른 많은 물질에 형광 현상을 일으킨다. 형광등관의 내벽에는 형광물질이 발라져 있다. 형광등에 빛이 발생하는 원리는 다음과 같다. 형광등에 전기를 흘리면 관의 끝에 있는 전극에서 전자가 나온다. 이 전자들이 형광등 안의 희박한 수은 증기와 충돌하면서 수은 원자가 들뜨면 자외선이 방출된다. 이 자외선이 형광물질을 자극하면 빛이 발생한다. 지폐나 상표의 특정 위치에 코팅된 형광물질은 자외선을 흡수해 우리 눈에 보이는 가시광선으로 방출한다. 이는 위조를 방지하는 수단으로 쓰인다.

자외선은 화학 반응을 일으켜 미생물을 죽이기 때문에 병원, 식품공장 등에서 소독용으로도 활용된다. 햇빛은 천연 자외선의 주요 원천으로, 옷이나 이불 등을 햇빛에 말리면 살균소독 효과를 볼 수 있다. 자외선을 적당히 쬐면 인체의 비타민 D 합성을 도와 칼슘 흡수를 촉진하고 뼈 성장과 건강 증진에 이롭다. 그러나 자외선을 과도하게 쬐면 피부에 해로울 뿐만 아니라 심한 경우 피부암에 걸릴 수도 있다.

지구는 두터운 대기층으로 둘러싸여 있다. 햇빛 중 대부분의 자외선은 성층권의 오존층에서 흡수돼 지면에 도달하지 못한다. 그래서 지구 생물들은 안전하게 살아갈 수 있다. 그러나 최근 수십 년 동안, 에어컨, 냉장고에서 배출된 프레온가스 등 오존층 파괴 물질 때문에 오존층에 구멍이 뚫려 버렸다. 오존층을 보호하고 우리 삶의 터전을 지키려면 어떻게 해야 할까?

X선

X선은 1895년 뢴트겐Wilhelm Roentgen이 처음 발견했기 때문에 뢴트겐선이라고도 한다. X선을 발견한 공로를 인정받아 뢴트겐은 1901년 제1회 노벨물리학상을 수상했다. X선은 파장이 극히 짧고 에너지가 매우 큰 전자기파로 파장 범위가 0.001~10nm이며 투과성이 탁월해 검은 마분지, 나무판자 등 가시광선이 투과하지 못하는 수많은 물질을 투과할 수 있다.

뢴트겐이 X선 연구에 전념할 때, 그의 아내는 뢴트겐이 며칠 동안 실험실에서 꼼짝도 하지 않고 뭘 하는 건지 몹시 궁금했다. 뢴트겐은 아내를 실험실로 불러 그녀의 손을 검은색 마분지로 꼼꼼히 감싼 후 사진 건판 사이에 넣고 X선을 15분 동안 조사한 다음 사진을 현상했다. 그러자 손가락에 낀 결혼반지까

뢴트겐

지 뚜렷하게 보이는 손 골격 사진이 인화됐다. 이 사진은 역사상 가장 유명한 사진 중 하나로 인류가 X선을 이용해 피부 속에 감춰진 골격을 찍을 수 있게 되었음을 의미했다.

의학 분야에 응용된 X선 진단 기술은 최초의 비파괴 검사 기술이다. 이 밖에도 X선 에너지를 조절해 특정 세포조직에 조사하면 그 조직을 파괴할 수도 있다. 이 기술은 종양을 비롯한 특정 질병을 치료하는 데 쓰이고 있다. 그러나 X선 방사는 인체에 유해하기 때문에 2017년, WHO는 X선을 1급 발암물질로 규정했다.

Task 1 공기 중에서 소리가 전파되는 속도를 예측해보자.

경주 출발 신호용 피스톨, 줄자, 초시계 등을 준비하고 실험을 도와줄 조수 한 명을 구한다. 먼저 야외 공터(공원, 운동장)에서 직선으로 200~300m 거리를 측정해 양 끝에 시작점과 끝점을 표시한다. 먼저 소리가 공기 중에서 200~300m를 진행하는 데 걸릴 시간을 예측해본다. 그런 다음, 피스톨을 든 조수를 직선의 시작점에 세우고 초시계를 든 채 직선의 끝점에 선다. 조수가 방아쇠를 당기면 피스톨에서 하얀 연기가 피어오르면서 '탕' 하는 소리가 울린다. 직선의 끝점에 선 여러분은 피스톨에서 흰 연기가 피어오르는 것을 보자마자 초시계를 눌러 시간을 재기 시작하고 총소리를 듣자마자 곧바로 초시계를 정지시킨다. 속도 공식으로 소리의 공기 중 전달 속도를 계산할 수 있다. 몇 번 더 측정해서 평균값을 구하면 오차를 줄일 수 있다.

Task 2 사람마다 다른 청각 주파수 범위를 측정해보자.

음원^{Tone generator}과 스피커를 준비한다. 친구들과 선생님들에게 측정을 부탁하면 다양한 연령대 사람들의 청각 데이터를 모을 수 있다. 조용한 장소를 찾아 음원과 스피커를 연결한 다음, 다양한 주파수의 소리를 낼 수 있도록 음원을 조절한다. 피측정자는 눈을 감은 채 가만히 앉아 스피커에서 나는 소리에 집중한다. 소리가 들리기 시작하면 손을 올리고, 소리가 더 이상 들리지 않으면 손을 내린다. 피측정자가 손을 올리고 내리는 순간의 음원 주파수를 기록하면 피측정자의 청각 주파수 범위를 확인할 수 있다. 피측정자의 귀를 한쪽씩 막고 동일한 실험을 실시하면 양쪽 귀의 청각 주파수 범위가 일치하는지도 확인할 수 있다.

Task 3 색깔 가산/감산 혼합

빛(물체의 반사광 포함)은 가산 혼합으로 색이 섞인다. 가산 혼합 3원색인 빨강^{Red}, 초록^{Green}, 파랑^{Blue}의 각기 다른 파장 대역과 강도를 조합하면 서로 다른 색으로 보이게 된다. 일반적으로 빨강＋초록＝노랑, 빨강＋파랑＝마젠타, 초록＋파랑＝시안, 빨강＋초록＋파랑＝하양이 된다.

반면 색은 감산 혼합으로 색이 섞인다. 즉, 물감은 백색광에서 특정 파장의 색광을 흡수해 나머지 파장의 색광을 투과 또는 반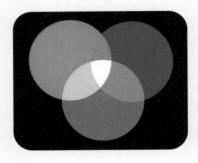사함으로써 사람의 눈에 색채를 인식시킨다(단, 이렇게 투사 또는 반사한 색광은 사람의 눈 안에서 다시 가산 혼합된다). 감산 혼합의 3원색은 시안^{Cyan}, 마젠타^{Magenta}, 옐로^{Yellow}이다. 마젠타 물감은 초록빛을 흡수하고 빨간 빛과 파란빛을 투과 또는 반사할 수 있다. 옐로 물감은 파란빛을 흡수하고 빨간빛과 초록빛을 투과 또는 반사할 수 있다. 시안 물 감은 빨간빛을 흡수하고 초록빛과 파란빛을 투과하거나 반사할 수 있다. 물감으로 감산 혼합의 3원색만을 가지고 다채로운 색 을 만들어보자.

Task 4 빛이 가지 못하는 길은 없다

사람의 눈, 돋보기, 영사기, 카메라, 현미경, 망원경 등은 어떻 게 상을 맺는 걸까? 원하는 것을 골라 상이 맺히는 원리와 특징 을 알아보고 빛의 경로를 분석해보자.

Task 5 만화경을 만들어보자.

만화경은 참 흥미로운 완구다. 재료를 준비해 직접 만화경을 만들어보자. 또는 만화경을 해체해서 내부 구조를 알아보자.

Task 6 3D 화면 제어 방식

3D 화면 제어 방식은 좌우$^{Side\ by\ Side}$, 상하$^{Over/Under}$, 좌우 및 상 하 변경, Red/Green, Red/Cyan, Red/Blue 등 매우 다양하다. 각 방식의 특징과 장단점, 발전 전망을 연구 및 비교해보고 3D 영화 를 관람하면서 그 영화에서 사용된 화면 제어 방식을 분석해보자.

Task 7 별을 올려다보는 인류

1608년, 네덜란드의 평범한 안경 기술자였던 한스 리퍼세이 Hans Lippershey가 세계 최초로 망원경을 만들었다. 그 후, 갈릴레이 가 이 망원경을 모방해 배율이 32배나 되는 망원경을 제작했다. 코페르니쿠스는 이 망원경을 통해 천체를 직접 관측하고 지동 설을 주장하게 되었다. 1990년, 우주로 발사된 허블우주망원경 은 목성에 충돌한 혜성, 머나먼 곳에 있는 항성, 블랙홀, 우주 탄 생 초기의 원시 은하 등등…, 아름다운 우주의 모습을 촬영하여 지구로 보내주었다.

망원경은 끊임없이 인류에게 놀라운 기쁨을 선사하면서 억만 광년 밖의 신 비로운 비밀을 알려줌과 동시에 우주에 대한 인식을 근본적으로 바꾸고 있다. 망원경의 발전 역사에 대해 알아보자.

1. 소리

물체는 진동하면 반드시 소리를 내게 되어 있지만, 그 소리가 꼭 사람의 귀에 들리는 것은 아니다. 사람이 들을 수 있는 소리의 주파수 대역은 20~20,000Hz이고 사람의 발성 주파수는 85~1,100Hz이다. 음파는 진동 음원에서 출발해 매질을 통해 전파된다. 기체, 액체, 고체 미립자는 모두 소리를 전파하는 매질이 될 수 있으며 진공에서는 소리를 전달할 수 없다. 소리는 각각의 매질에서의 전파 속도가 서로 다르다. 일반적으로 소리는 고체 속에서 전파 속도가 가장 빠르고 그다음이 액체이며 기체에서 전파 속도가 가장 느리다(공기 중에서는 약 340m/s, 수중에서는 약 1,500m/s, 스틸에서는 약 5,200m/s). 공기 중에서는 온도가 높을수록 소리의 속도가 빠르다.

소리가 공기 중에서 전파되다가 큰 장애물을 만나면 반사돼 돌아온다. 이를 '메아리'라고 한다. 사람의 귀가 메아리와 원래 소리를 구분하려면 둘의 시차가 0.1초보다 커야 한다. 따라서 메아리를 들으려면 장애물과 소리를 낸 사람의 거리가 17m 이상이어야 한다.

소리의 높낮이, 소리의 세기, 소리의 맵시를 '소리의 3요소'라

고 한다. 소리의 높낮이는 발성체의 진동 주파수(진동수)에 의해 결정된다. 북의 가죽이 팽팽하게 당겨져 있을수록 음높이가 높다. 바이올린 현이 가늘고 짧을수록 음높이가 높다. 피리의 공기 기둥이 짧을수록 음높이가 높다. 사람의 귀가 느낄 수 있는 소리의 강약을 소리의 세기라고 하는데 이는 발성체 진동의 진폭과 관련이 있다. 진폭이 클수록 세기가 세고 진폭이 작을수록 세기가 작다. 소리의 세기는 발성체로부터의 거리와도 관련이 있다. 거리가 멀수록 세기도 작아진다. 이론적으로 사람의 귀가 들을 수 있는 가장 작은 소리는 0dB이다. 소리의 맵시는 발성체 본연의 재료, 구조에 의해 결정된다. 소리의 맵시로 악기 또는 다른 음원을 구분할 수 있다.

음파는 종파로 에너지와 정보를 전달할 수 있다. 주파수가 20,000Hz 이상인 음파를 '초음파'라고 한다. 초음파는 방향성이 좋고 투과력이 강하며 비교적 집중된 소리 에너지를 쉽게 얻을 수 있다는 등의 특징이 있다. 초음파는 다양한 분야에 이용된다. 초음파를 수신해서 반사한 물체의 위치를 알아내는 소나SONAR, 도플러 효과를 이용해 운동 물체의 속도를 측정하는 초음파 속도 측정 장치, 초음파 세척기, 초음파 납땜기 등은 모두 초음파를 이용한 것이다. 주파수가 20Hz 이하인 음파를 '초저주파'라고 한다. 초저주파는 지진, 태풍 등 이상기후 예보 및 핵폭발 모니터링에 이용되는데 특정 강도의 초저주파는 인체에 심각한 해를 끼칠 수 있다.

2. 빛

스스로 빛을 내는 물체를 광원이라고 하며 태양은 자연 광원이다. 태양빛(백색광)은 프리즘을 통해 분산돼 여러 가지 색으로 나눠진다. 빛의 색과 에너지는 빛의 진동수로 결정된다. 빛의 3원색은 빨강, 초록, 파랑이다. 투명한 물체의 색은 그것이 투과할 수 있는 색에 의해 결정되고 불투명한 물체의 색은 그것이 반사할 수 있는 색에 의해 결정된다.

빛은 같은 종류의 균일한 물질(밀도가 균일하고 이물질을 포함하고 있지 않으면서 투명한 것) 안에서 직선으로 진행한다. 빛은 진공에서 진행할 수 있으며 그 속도는 $3.0 \times 10^8 m/s$(최댓값)이다. 빛은 각각의 물질 속에서 진행하는 속도가 다르다. 물속에서의 속도는 약 $2.25 \times 10^8 m/s$이다.

빛은 반사하거나 굴절할 때 일정한 법칙을 따르며 빛의 경로는 가역적이다. 반사와 굴절 모두 상을 맺을 수 있으며 이때 맺히는 상에는 실상과 허상이 있다. 실제로 빛이 모여 이루어진 상은 실상이고, 빛이 반사 또는 굴절한 후 그 광선의 연장선이 모여 맺는 상이 허상이다. 실상과 허상은 모두 사람의 눈에 보이지만 실상은 그 위치에 스크린을 놓으면 물체의 형상을 볼 수 있는 반면에 허상의 위치에는 스크린을 놓아도 형상이 맺히지 않는다. 평면거울에 맺히는 상은 허상이다. 상과 물체의 크기는 동일하며 평면거울에 대해 대칭이다. 오목거울은 광선을 모으기 때문에 태양로, 전조등 반사갓 등을 만들 수 있다. 볼록거울은 광선을 발산시키기 때문에 시야를 확대할 수 있으므로 자동차 백미러, 도로 모퉁이에 설치되는 반사경 등에 이용된다. 빛의 굴절은 맑은 연못의 수심이 '얕아 보이게' 할 수 있다. 또한 각종 렌즈 제작의 이론적 기초가 된다.

빛이 밀한 매질에서 소한 매질로 진행하는 경우, 굴절각이 항상 입사각보다 크다. 입사각이 특정 각도까지 커지면 굴절광이 모두 사라지고 반사만 발생한다. 이런 현상을 '전반사'라고 한다. 광섬유의 광신호 전달은 전반사를 이용한 것이다.

위상이 일정한 빛은 간섭을 일으킬 수 있다. 비눗방울, 기름막이 다채롭게 빛나는 이유는 빛의 간섭현상 때문이다.

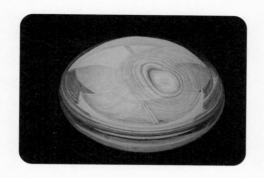

　빛은 횡파로 편광 현상을 일으킬 수 있다. 3D 영화는 빛의 편광을 이용한다. 빛은 전자기파로 모든 전자기파를 파장의 길이에 따라 늘어놓으면 전자기 스펙트럼이 만들어진다. 전자기파 스펙트럼 중, 가시광선을 제외한 나머지 전자기파는 사람의 눈에 보이지 않는다. 이 중 적외선은 가시광선보다 파장이 길고 진동수가 작으며 강한 열효과가 있다. 자외선은 가시광선보다 파장이 짧고 진동수가 크며 형광 효과가 있다.

03

현대 물리

19세기 말에 이르렀을 때, 고전물리학은 이미 300년에 걸쳐 비약적인 발전을 이뤄 완전한 성숙 단계에 들어섰어요. 거시적이고 저속^{低速}인 물체의 역학적 운동은 정확히 뉴턴 역학의 법칙을 따랐고, 전자기 현상과 광학적 현상은 맥스웰방정식으로 정리되었으며, 열현상 이론은 열역학과 통계물리학으로 재편성되었지요. 수많은 물리학자가 위대한 물리학의 바벨탑은 이미 완성되었으며, 이제 각종 물리학 상수를 더 정확하게 재거나 미세하게 부족한 부분을 보충하고 다듬는 작업만이 남았다고 생각했죠.

그러나 바로 이때, 화창한 물리학 상공에 먹구름 두 개가 드리워졌어요. 첫 번째 '먹구름'은 빛을 전달하는 매질로서 가상의 물질인 에테르의 존재를 부정하는 마이켈슨 몰리의 실험^{Michelson-Morley experiment}이었습니다. 아인슈타인이 제기한 상대론은 이에 대해 만족스러운 답을 내놓았어요(여기에서는 이 문제에 대해 따로 논하지 않을 거예요. 교과과정을 따라 물리학을 계속 공부하다 보면 상대성이론에 대해 공부할 날이 올 거예요).

두 번째 '먹구름'은 흑체 복사 실험의 결론과 고전 전자기 이론의 모순이었습니다. 이로 인해 물리학은 또다시 엄청난 위기에 빠졌어요. 물리학자들은 이 두 '먹구름'을 어떻게 치웠을까요?

핵심 내용

- 흑체 복사와 에너지 양자
- 광전효과
- 파동-입자 이중성과 물질파
- α입자 산란 실험과 러더퍼드 원자모형
- 보어 원자모형
- 자연 방사 현상과 반감기
- 핵분열과 핵융합

양자혁명
파동과 입자는 하나

흑체 복사와 에너지 양자

세상의 모든 물질은 일정한 파장 범위 안의 전자기파를 복사, 흡수, 반사할 수 있다. 물체가 전자기파를 복사하는 상황은 물체의 재료, 온도 등 요소와 관련이 있으며 '열복사'라고도 한다. 만약 어떤 물체가 자기에게 입사되는 모든 파장대의 복사에너지를 완전히 흡수하고 전혀 반사하지 않는다면 이 물체는 절대 흑체라고 부르며 줄여서 '흑체'라고 한다. 탄소나노튜브는 입사 광선의 99.965%를 흡수할 수 있으므로 절대 흑체로 볼 수 있다. 불투명한 공동 물체에 작은 구멍을 하나 뚫었다면 이 구멍 표면도 흑체로 볼 수 있다.

흑체 복사 전자기파의 강도는 흑체 온도와만 관련이 있으며 열복사 법칙과 관련한 주요 연구 대상이다. 만약 흑체가 방출하는 복사에너지와 흡수하는 복사에너지의 양이 같다면 흑체가 열평형 상태에 있다고 말한다. 과학자들은 열평형 상태에 있는 흑체 복사를 연구해 복사에너지 밀도(복사 강도)가 파장, 절대온도와 연관된 분포 법칙을 얻었다. 실험 결과, 온도가 올라갈수록 각종 파장의 흑체 복사 강도도 세지고 복사 강도의 극댓값은 파장이 짧은 방향으로 이동함이 밝혀졌다.

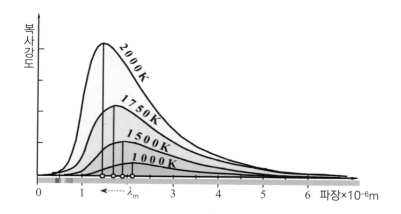

흑체 복사 실험이 보여주는 에너지 분포 법칙에 대해, 특정한 에너지 분포 공식을 찾아 설명하려는 시도가 많이 이루어졌지만 모두 실패로 끝났다. 그러다가 1894년, 독일의 물리학자 빌헬름 빈Wilhelm Wien이 실험을 통해 흑체에서 방출하는 복사에 관한 법칙을 공식화했다. 이를 '빈의 법칙', 또는 '빈의 변위 법칙'이라고 한다. 빈의 법칙에 따라 계산한 결과, 짧은 파장의 범위에서는 실험 결과와 근사했으나 긴 파장에서는 편차가 발생했다.

이 편차는 영국 물리학자 레일리 경$^{Lord\ Rayleigh}$과 제임스 진스 $^{James\ Jeans}$의 관심을 끌었다. 두 사람은 맥스웰이론에서 '레일리-진스의 복사법칙'을 얻었다. 이 공식은 긴 파장에서 실험 결과에 부합했으나 짧은 파장에서는 심각한 편차를 보였다. 단순히 편차만 보인 것이 아니라 파장이 작을수록 세기가 커져 파장이 작은 자외선 영역에서 그 세기가 무한대가 되는 터무니없는 결과가 나왔다. 물리학계를 혼돈에 빠뜨린 이 결과를 '자외선 파탄'이라고 부른다.

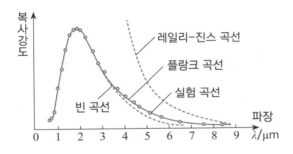

플랑크

1900년 10월 19일, 독일의 물리학자 막스 플랑크$^{Max\ Planck}$는 베를린 물리학회에서 개최한 회의에서 〈빈의 변위 법칙 개선에 관하여〉라는 제목으로 흑체 복사 법칙을 설명하는 수학 공식을 제시했다. 그날 저녁, 실험물리학자 루벤스^{Heinrich}

Rubens는 이 공식으로 그간 자신이 모은 실험 데이터를 검증해보고 모든 주파수대에서 완벽하게 일치한다는 사실을 알아냈다. 이튿날 아침, 루벤스는 흥분을 감추지 못하며 곧바로 이 사실을 플랑크에게 전했다. 플랑크의 공식은 에너지 양자화 가설에 입각해 만들어졌다. 즉, 에너지의 방출과 흡수는 연속적이지 않고 띄엄띄엄 떨어진 불연속적 형태를 보인다는 것이다. 플랑크는 이를 '에너지 양자'라고 불렀는데 훗날 양자로 고쳐 불렀다. 단일 양자의 에너지는 ε이며 $\varepsilon = h\nu$이다. h는 플랑크 상수이고 ν는 진동수이다. 이는 고전물리학과 구별되는 완전히 새로운 관념으로 플랑크의 말을 빌리자면 이러하다.

"나는 천성적으로 앞날을 점칠 수 없는 모험을 하는 성격이 아니다. 그러나 6년에 걸쳐 고된 탐구를 한 끝에 고전물리학으로는 이 흑체 복사 문제를 해결할 수 없음을 깨달았다. 그래서 옛 틀을 버리고 새로운 개념을 도입했더니 문제가 바로 해결됐다."

1900년 12월 14일, 플랑크는 〈정상 스펙트럼의 에너지 분포 법칙의 이론에 관하여〉라는 제목으로 또 다른 회의에서 획기적인 가설을 발표하고 관련 공식을 도출하는 간편한 방법을 공개했다. 이후 사람들은 이날을 '양자론이 태어난 날'이라고 정했다. 플랑크는 에너지 양자화 개념을 전제로 흑체 복사를 설명해 양자역학의 문을 활짝 열어젖혔다. 그 공로를 인정받아 플랑크는 '양자역학의 아버지'라 불리게 되었다.

그러나 새로운 개념을 확립하는 여정은 험난했다. 특히 당시 사람들은 자연에는 비약이 없다(라이프니츠)고 굳게 믿었기 때문에 에너지가 띄엄띄엄 존재한다는 플랑크의 주장은 허무맹랑해 보였다. 그러나 그로부터 몇 년 뒤, 스위스 특허청에 근무하던 한 직원이 광전효과를 설명하면서 플랑크의 양자 가설을 이용했고 그 후로도 몇몇 과학자들이 플랑크의 가설을 지지하면서 양자론은 정설로 받아들여지게 되었다. 이때 스위스 특허청에 근무했던 직원이 바로 아이슈타인이었다.

광전효과

아이슈타인

알버트 아인슈타인^{Albert Einstein}은 갈릴레이, 뉴턴의 뒤를 잇는 역사상 가장 위대한 물리학자였다. 흔히 '아인슈타인'이라는 이름을 들으면 어떤 이론이 먼저 떠오르는가? 십중팔구 '상대론'일 것이다. 상대론은 20세기 물리학의 양대 산맥 중 하나가 맞다. 그러나 사실 아인슈타인은 위대한 상대론이 아닌 광전효과 이론으로 노벨상을 수상했다. 이 이론은 그가 26살 때, 특허청의 3급 기술자로 일하던 어느 날 저녁 단 몇 시간 만에 생각해낸 것

204

이다. 그날 아인슈타인은 특허청에서 8시간 동안 일하고 시간강
사로 1시간 동안 강의도 했다.

　광전효과는 금속 등의 물질에 일정한 진동수 이상의 빛을 비
추면 물질의 표면에서 전자가 튀어나오는 현상이다. 예를 들어
아크등 속 자외선을 아연판에 비추면 아연판은 전자를 잃고 양
전하로 대전된다. 광전효과 중 빠져나온 전자를 '광전자'라고 하
는데 광전자를 모아 형성한 전류를 '광전류'라고 한다.

　독일의 물리학자 헤르츠$^{Heinrich\ Rudolf\ Hertz}$와 필리프 레나르트
$^{Philipp\ Lenard}$는 광전효과 현상에 대해 더 깊이 파고들어 다음 네
가지 실험 규칙을 얻었다.

• 모든 금속은 문턱진동수(한계진동수) v_0가 있다. 입사광의 진동
  수는 반드시 금속의 문턱진동수보다 커야만 광전효과를 일으
  킬 수 있다. 금속의 문턱진동수보다 작은 빛은 광전효과를 일
  으키지 못한다.
• 광전자의 최대 초기 운동에너지는 입사광 강도와 무관하지만
  입사광 진동수가 커질수록 커진다.
• 광전자는 순식간에 방출되는데 일반적으로 1ns(10^{-9}초)를 초과
  하지 않는다.
• 입사광 진동수가 문턱진동수보다 클 때, 광전류의 강도는 입
  사광의 강도에 비례한다.

전자기 이론과 빛의 파동설로 광전효과를 설명하려던 과학자들은 곤경에 빠졌다. 고전적인 파동이론은 빛의 에너지를 설명할 때, 빛의 에너지가 연속적이며 광파 진폭(빛의 세기)이 클수록 빛에너지도 크고 빛에너지는 진동수와 무관하다고 보았다. 그래서 고전적 파동이론을 따를 경우, 필연적으로 다음과 같은 결론을 얻을 수밖에 없었다.

'빛의 세기가 충분히 강하면 금속은 항상 광전효과를 일으키고, 빛의 강도와 금속에서 튀어나온 전자의 운동에너지가 정비례한다.' 그러나 실제 실험 결과, 광전효과의 발생 여부는 빛의 세기와 무관했고 빛의 진동수에 의해 결정됐다. 또 동일한 진동수의 빛을 비추면 빛의 세기에 상관없이 튀어나오는 전자의 최대 운동에너지는 모두 같았다. 다시 말해, 금속에서 튀어나온 전자의 운동에너지도 빛의 세기와 무관하다는 뜻이었다.

실험 규칙 중에 빛의 파동성과 충돌하는 것이 하나 더 있었는데 바로 광전효과의 즉시성이다. 파동이론에 따르면, 입사광이 약한 경우라도 빛을 비추는 시간을 좀 더 늘리면 금속 안의 전자가 충분히 금속 표면으로 튀어나올 수 있는 에너지를 축적할 수 있다. 그러나 실제로는 빛의 진동수가 금속의 문턱진동수보다 크기만 하면, 빛이 세든 약하든 상관없이 전자는 순식간에 방출되었다. 그 결과, 파동이론으로는 네 가지 실험 규칙 중 세 가지를 설명할 수 없었다.

결국, 광전효과는 빛의 파동 이론을 전개하는 데 최대의 난관이 되었다. 그러다가 1905년, 아인슈타인이 〈빛의 생성과 전환에 관한 추측성 관점〉이라는 제목의 논문을 통해 광전효과를 합리적으로 설명하면서 문제가 해결되었다.

　아인슈타인은 플랑크의 '에너지 양자' 가설을 더욱 발전시켜 '광양자설'을 제기했다. '공간에서 전파되는 빛도 연속적이지 않고 불연속적인 에너지를 가진 입자의 흐름이며 이러한 입자는 광양자, 줄여서 '광자'라고 부른다.' 광자에너지는 진동수와 비례한다. 즉, $\varepsilon = hv$이다. 아인슈타인은 광자설에 에너지 보존을 결합해 광전효과의 관계식 $E_k = hv - W$을 제시했다. 이 식에서 E_k는 전자의 최대 운동에너지, W는 금속의 일함수로 원자 내의 전자에 대한 원자핵의 속박력을 나타낸다. 이 관계식에 따라, 빛이 금속 표면에 조사되면 광자의 에너지가 전자에 전달되고 전자는 에너지를 얻어 금속 밖으로 튀어나올 수 있다.

　광자의 에너지는 빛의 진동수와만 비례하므로 일정 진동수 이상의 빛만이 전자를 금속 밖으로 방출할 수 있는 충분한 에너지를 제공할 수 있다. 광자 하나는 전자 한 개를 금속에서 방출시켜 광전자로 이루어진 전류를 얻을 수 있다. 빛의 세기를 증가시켜도 각 광자의 에너지는 변하지 않으며 광자의 수만 늘어난다. 그러나 광자의 에너지(진동수)가 부족하면 전자를 방출시킬 수 없다. 광자의 수가 아무리 많아도 불가능하다. 광자의 에너지가 충분하여 광전효과가 일어나는 경우, 빛의 세기를 증가시키는 것은 곧 더 많은 전자의 방출을 의미하게 된다. 다시 말해 더 큰 광전류를 얻을 수 있다는 말이다. 이렇게 광양자론은 간결하고 명확하게 광전효과를 설명했고 아인슈타인은 그 공로를 인정받아 1921년 노벨물리학상을 수상하게 된다.

아인슈타인은 플랑크 양자 가설의 부족한 점을 보완했다. 아인슈타인은 빛이 방출 및 흡수할 때만 불연속적인 것이 아니라 빛 자체도 불연속적이며 전파 과정에서도 불연속적이라고 생각했다. 다시 말해 빛은 시종일관 불연속적이고 양자화되어 있다는 것이다. 이러한 관점은 당시로서는 천지가 개벽할 만큼 충격적인 것이었고, 빛에 대한 인류의 인식을 근본적으로 바꾸는 계기가 되었다. 또한 광양자론은 200여 년 전에 있었던 빛의 본성에 관한 토론을 다시금 불러일으켰다. 빛은 과연 무엇인가? 파동인가? 아니면 입자인가?

파동-입자 이중성과 물질파

물질의 운동은 입자식 운동과 파동으로 나뉘는데 둘의 운동 방식은 판이하게 다르다. 새가 공중을 날아다니든, 나뭇가지나 다른 곳에서 쉬거나 먹이를 찾든, 새는 특정한 순간에 딱 한 곳에서만 나타날 수 있다. 과녁을 향해 날아간 총알이 몇 점 대를 꿰뚫든 최종적으로는 과녁의 어느 한 곳에서 멈추게 된다. 연못에 던진 돌멩이가 일으킨 물결은 연못 전체로 퍼져나간다. 교단에 선 교사가 내는 음파는 교실에 앉아있는 모든 학생의 귀에 전해진다.

그런데 파동이 입자처럼 운동하고, 입자가 파동처럼 운동한다면 어떻게 될까? 교사가 하는 말이 학생 중 딱 한 명에게만 들린다거나 과녁을 향해 발사한 총알이 과녁판의 모든 곳을 다 꿰뚫는 일이 일어날 수 있을까? 당연히 말도 안 되는 일이다. 거시세계에서 운동하는 모든 물체는 입자의 성질만을 보이거나 파동의 성질만을 보인다. 둘의 성질이 섞인 경우는 없으며 더욱이 둘의 성질을 모두 가진 경우도 있을 수 없다. 그러나 미시세계에서는 가능하다.

먼저 빛에 대해 이야기해보자. 빛은 파동일까? 아니면 입자일까?

이는 오래전부터 인류를 괴롭혀온 문제다. 뉴턴을 비롯한 수많은 과학자는 빛이 입자라고 생각했고, 호이겐스를 비롯한 다수의 과학자는 빛이 파동이라고 생각했다. 양극단에 선 두 무리는 끝없는 논쟁을 이어갔다. 19세기 이전의 100여 년 동안은 입자설이 주류를 이뤘다. 그러다가 19세기 초, 실험을 통해 빛의 간섭, 회절 현상이 발견되면서 빛의 파동성이 증명되었다. 이로써 파동설이 힘을 얻게 된다. 빛의 파동 이론은 빠르게 발전했다. 맥스웰이 제시한 전자기파 이론은 파동설에 더욱 힘을 실어

줬다. 20세기 초, 흑체 복사와 광전효과 문제가 해결되면서 이번에는 빛의 입자성(불연속성)이 힘을 받았다. 이런 과정을 거치면서 파동-입자 이중성이 확립되기 시작했고 그것이 지금까지 이어져 오고 있다.

빛은 언제 파동성을 보이고, 또 언제 입자성을 보일까? 수많은 실험과 연구 결과, 다음과 같은 결론을 얻게 되었다.

- 대량의 광자는 파동성을 보이고 소량의 광자는 입자성을 보인다.
- 빛은 전파 과정에서는 파동성을 보이고 물질과 상호 작용할 때는 입자성을 보인다.
- 빛의 파장이 길수록(진동수가 작을수록) 파동성이 강하고 빛의 파장이 짧을수록(진동수가 클수록) 입자성이 강하다.

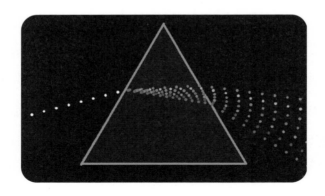

빛의 파동-입자 이중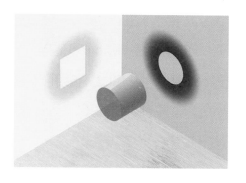
성은 상당히 난해한 관
점이다. 일단 물리학이
미시 세계로까지 발전
하면서 사물이 갈수록
추상화되고 있고 우리
자신도 사물의 다면성을 받아들이기 위해 사고를 전환해야 하
기 때문이다. 예를 들어 원기둥 형태의 물체에 빛을 조사한다고
해보자. 만약 그림자만 보고 물체의 형상을 추측하라고 한다면
보는 각도에 따라 서로 다른 답을 말할 것이다. 빛의 파동-입자
이중성을 이해할 때는, 여기에서의 '파동'이 우리가 거시적인 관
념에서 말하는 '파동'과 다르며, 여기에서의 '입자'도 일반적으로
말하는 입자와 다름을 알아야 한다. 여기에서 말하는 '입자'는
일종의 '양자화된 불연속성'이고 '파동'은 '확률파'를 가리킨다.

'확률파'란 무엇일까? 이중슬릿 간섭을 예로 들어, 간섭무늬
중에서 밝은 무늬와 어두운 무늬를 만드는 근원이 무엇일까? 간
섭무늬가 만들어지는 이유는 밝은 무늬 부위에 도달한 광자의
수가 많고 어두운 무늬 부위에 도달한 광자의 수가 적기 때문이
다. 이중슬릿을 통과하는 광자 수(빛노출량)를 제어할 경우, 소량
의 광자가 스크린에 도달할 때는 명암의 분포를 정확히 나타낼

수 없고 대량의 광자가 스크린에 도달할 때만 명암 분포를 나타낼 수 있다. 밝은 무늬와 어두운 무늬가 보여주는 것은 광자가 공간의 각 점에 나타날 확률의 크기다. 이런 확률의 크기는 파동 규칙으로 해석할 수 있으므로 광자의 개념에서 봤을 때, 빛은 일종의 확률파이다.

파동-입자 이중성은 미시 입자의 기본적인 속성 중 하나로 광자뿐만 아니라 양성자, 중성자 전자 등 모든 원자 구성 입자Subatomic particle가 보이는 특성이다. 이런 입자들은 운동 중에도 파동성과 입자성을 모두 보이는데 이는 정밀하게 설계된 모든 실험에서 관찰할 수 있다. 프랑스 파리대학의 루이 드브로이Louis de Broglie는 1923년에 전자, 양성자 등의 입자도 파동-입자 이중성을 가진다고 주장했으며 1924년에 발표한 박사 논문에 모든 물질은 파동-입자 이중성을 가진다는 주장을 담았다. 또한 전자가 결정에서 회절하는 실험을 통해 검증할 것을 제안했다. 1927년, 데이비슨C.J. Davisson과 거머L.H. Germer는 니켈의 결정면에 전자빔을 조사한 결과, 전자의 회절 현상을 관찰해 드브로이의 이론을 증명했다. 드브로이는 연구 업적을 인정받아 1929년에 노벨물리학상을 수상하여 학위 논문만으로 노벨상을 수상한 최초의 인물이 되었다.

드브로이

드브로이가 제기한 입자가 나타내는 파동

을 '물질파', 또는 '드브로이파'라고 한다. 드브로이파의 파장은 $\lambda = h/p$를 만족하며 이 중 $h = 6.626 \times 10^{-34}$J·s로 플랑크 상수이며 p는 입자의 운동량 크기이다. 우리가 일상생활에서 거시 물체의 물질파를 관찰할 수 없는 이유는 물체의 질량이 너무 커서 물질파 파장이 관측 가능한 한계 크기보다 훨씬 작기 때문이다. 이로 인해 거시 물체는 입자성만 보인다.

모래 한 알이 곧 세상

원자 구조와 원자핵

α입자 산란 실험과 러더퍼드 원자모형

인류는 원자 구조의 신비를 밝히기 위해 오랜 세월 연구를 거듭했다. 1808년, 영국의 화학자이자 물리학자인 돌턴$^{John\ Dalton}$이 처음으로 원자론을 제시했다. 돌턴은 물질을 분해해가면 더 이상 쪼개지지 않는 단단한 공 모양의 입자인 원자에 도달한다고 생각했다. 1897년, 영국의 과학자 톰슨$^{Joseph\ John\ Thomson}$은 음극선관을 이용해 원자 속에 존재하는 전자를 발견해 전자의 발견자가 되었다. 전자의 발견으로 사람들은 원자를 더 분해할 수 있으며 원자 내부에 구조가 존재한다는 사실을 깨달았다. 톰슨은 자신의 발견을 바탕으로 마치 푸딩 속에 건포도가

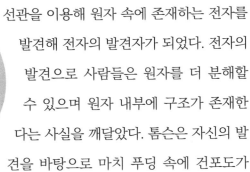

톰슨

박혀 있는 것과 비슷해 푸딩모형이라고도
불린 원자 모형을 제시했다. 톰슨은 양
전하를 띤 구형태에 음전하를 띤 전자
가 마치 건포도처럼 쏙쏙 박혀 있다고
생각했다. 이 모형은 왜 원자가 전기적으
로 중성인지를 설명할 수 있었다.

러더퍼드

　그러나 1911년의 한 실험은 '푸딩모형'이 실제 원자의 형태
와 다름을 증명했다. 이 실험이 바로 톰슨의 제자였던 러더퍼드
Ernest Rutherford가 실시한 'α입자 산란 실험'이다.

　톰슨은 뛰어난 과학자일 뿐만 아니라 훌륭한 스승이기도 했
다. 28살에 영국왕립학회 회원이 되었으며 캐번디시연구소의
소장이 되었고, 1906년에는 노벨물리학상을 수상하기까지 했
다. 그의 제자 7명과 아들도 노벨상을 수상했는데 그중 한 명이
러더퍼드였다. 톰슨이 발견한 전자는 인류가 최초로 발견한 원
자보다 작은 미립자인데다가 톰슨의 사회적 지위가 매우 높았
던 까닭에 '푸딩모형'은 많은 사람의 뇌리에 깊이 각인되었다.
사실 러더퍼드도 톰슨의 원자모형이 옳다고 생각했고 딱히 톰
슨의 원자모형을 부정할 생각으로 α입자 산란 실험을 한 것도
아니었다. 그저 어쩌다 보니 자연 방사 현상을 발견하게 된 사
람이 바로 그였을 뿐이다. 일부 방사성 원소는 빠르게 운동하는
α입자를 스스로 방출한다. α입자는 헬륨 원자핵이다. 즉, 헬륨

원자에서 전자를 없앤 것으로 양전하를 띤다.

러더퍼드와 그의 조수들은 금박을 미크론 단위 두께로 얇게 편 다음, 진공 상태에서 방사성 물질에서 방출되는 α입자를 금박에 충돌시켰다. 추산한 결과, 실험에 쓰인 금박은 α입자에 대해 1.5mm의 공기로 가로막는 정도의 작용을 했다. 따라서 톰슨의 원자모형이 맞다면, 모든 α입자가 금박을 뚫고 그대로 직진해야 했다. 그런데 실험 결과는 러더퍼드의 예상을 빗나갔다. 대부분의 α입자는 금박을 통과하여 그대로 직진했지만 일부 α입자는 상당한 각도로 편향되었다. 극히 일부는 그 각도가 90°를 넘었는데, 그중에는 거의 180°로 튕겨 나간 것도 있었다.

α입자가 이처럼 큰 각도로 튕겨 나가거나 심지어 진행 방향과 정반대로 튕겨 나간 것을 어떻게 해석해야 할까? 러더퍼드의 표현을 빌리면, 휴지에 대포를 쏘았는데 대포알이 휴지에 튕겨 왔던 방향으로 되돌아간 것만큼이나 황당한 일이었다. 그러나 실험 결과를 부정할 수는 없었기에 러더퍼드는 이 결과를 설명할 수 있는 새로운 모형을 생각해냈다. 그는 원자 내부에 틀림없이 작은 원자핵이 있을 것이라고 판단했다. 왜 이런 결론을 내렸을까? 다음에서 같이 알아보자.

대다수 α입자가 금박을 통과하면서도 원래의 운동 방향을 바꾸지 않은 것은 원자 내부의 공간이 거의 다 비어있고 원자가 공 모양이 아님을 의미했다. 일부 α입자가 진행 방향을 바꾼 것은 원자핵 근처를 지나다가 반발력에 의해 편향되었기 때문이다. 극히 일부 α입자가 왔던 방향으로 되돌아간 것은 α입자가 원자 안에서 전기적 성질이 같으면서도 질량이 훨씬 큰 입자를 만났음을 의미했다.

이를 바탕으로 러더퍼드는 핵이 있는 원자 모형을 구상했다. 즉, 원자의 중심에 매우 작은 원자핵이 있고 원자의 모든 양전하와 거의 모든 질량이 원자핵 안에 집중돼 있으며 음전하를 띤 전자는 핵 바깥의 공간에서 핵 주변을 돌고 있다. 원자핵은 매우 작다. 크기로 표현하자면 원자 지름이 10^{-10}m인 데 비해 원자핵의 지름은 10^{-15}m에 불과하다. 전자가 원자핵 주위를 도는 것이 마치 행성이 태양 주위를 공전하는 것과 비슷했기 때문에 러더퍼드의 원자모형은 '태양계 모형'이라고도 불렀다. 러더퍼드가 제시한 모형은 원자 구조 연구를 올바른 길로 이끌었다. 그래서 러더퍼드는 '핵물리학의 아버지'로 불린다.

그러나 얼마 지나지 않아 과학자들은 러더퍼드 모형의 중대한 결함을 발견했다. 고전 전자기 이론에 따라, 원자핵 주변을 도는 전자는 가속운동을 하면서 전자기파를 방출하므로 원자는 불안정해지게 된다. 그러나 실제로 원자는 안정적이기 때문에 불완전한 러더퍼드 원자모형을 수정하고 수소원자가 발광하는 문제를 설명하기 위해 보어의 원자모형이 등장하게 된다.

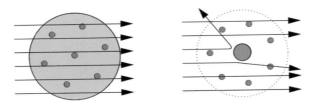

톰슨 원자모형과 러더퍼드 원자모형

수소원자 스펙트럼과 보어 원자모형

원자 안에서 전자의 운동은 어떤 특징을 보일까? 운동 궤도는 어떠할까? 이런 문제를 연구하는 것은 굉장히 어려운 일이다. 원자가 너무 작기 때문이다. 다행히 원자 내의 전자는 운동에 변화가 발생할 때 에너지를 방출하고 이런 에너지는 광자의 형식으로 복사된다. 이것이 바로 발광 현상이다. 그래서 원자가 방출하는 빛스펙트럼으로 원자 구조를 연구하는 것은 매우 효과적인 간접 연구 방법이다. 사람들은 프리즘 분광기나 회절발 분광기를 사용해 빛을 분해하고 연구한다.

1885년, 스위스 수학자 발머^Johann Balmer는 수소원자 빛스펙트럼의 가시광선 부분의 계열을 발견했다. 뒤이어 독일의 파셴^Louis Paschen은 적외선 계열의 스펙트럼을 발견했고, 미국의 라이먼^Theodore Lyman은 자외선 계열의 스펙트럼을 발견했다. 이 스펙트럼들은 공통점이 있었다. 하나, 불연속적이며 둘, 나뉘어 있고 셋,

특정 진동수의 빛 분포이다.

고전 전자기 이론과 러더
퍼드 원자모형에 따르면 전
자는 핵 주위에서 등속원운
동을 한다. 가속운동을 하는
전자는 끊임없이 바깥으로

	410.2 nm
	434.1 nm
	486.1 nm
	656.3 nm

수소원자 스펙트럼의 발머계열

전자기파를 방출한다. 원자가 끊임없이 바깥으로 에너지를 방
출하면서 에너지가 점차 줄어들어 전자의 회전 진동수도 변하
므로 방출 빛스펙트럼은 연속스펙트럼이어야 한다. 그런데 왜
스펙트럼은 불연속적으로 나뉘어 있을까?

1913년, 28살밖에 안된 덴마크의 물리학자 보어Niels Bohr는 당
시 사람들이 의문을 품고 있던 러더퍼드 원자모형에 양자 개념
을 적용해 무려 30년에 이르는 수소 스펙트럼을 둘러싼 논쟁의
종지부를 찍었다. 그 공로를 인정받아 보어도 1922년에 노벨물
리학상을 수상한다.

편의상 보어의 원자모형을 에너지 준위
가설, 전이 가설, 궤도 가설, 이 3대 가설
로 정리하겠다.

원자는 일련의 불연속적인 에너지 상
태(정상 상태)에만 있을 수 있다. 이런 에너
지 상태에서 원자는 안정적이다. 전자는 핵

보어

주위를 도는 운동을 하지만 바깥으로 에너지를 복사하지 않는다. 원자가 어떤 정상 상태에서 다른 정상 상태로 전이할 때, 일정한 진동수의 광자를 복사 방출하거나 흡수한다. 광자의 에너지는 이 두 상태의 에너지 차이에 의해 결정된다. 즉, $h\nu=E_m-E_n$이다. 여기에서 h는 플랑크 상수이다.

원자의 각기 다른 에너지 상태는 전자가 각기 다른 원궤도에서 핵 주위를 도는 원운동을 하는 것과 대응된다. 원자의 정상 상태가 불연속적이므로 전자의 궤도도 불연속적이다.

보어의 이론은 수소스펙트럼의 발머 계열(높은 에너지 준위를 가진 전자가 $n=2$로 떨어졌을 때 방출하는 계열의 빛)을 완벽하게 설명했을 뿐만 아니라 당시 이미 발견되어 있던 수소 스펙트럼의 또 다른 계열인 파셴 계열(적외선에 가까운 영역)에 대해서도 명확히 설명해줬다. 파셴 계열은 들뜬 상태에서 $n=3$ 에너지 준위로 전이될 때 방출된다. 이 밖에도 보어의 이론은 당시 아직 발견되지 않았던 수소원자의 다른 스펙트럼 계열도 예측했는데 이후 잇따라 발견된 계열들도 보어의 이론이 예측한 바와 다르지 않았다.

보어의 이론은 양자 이론 체계의 기반을 다졌으나 완벽하지는 않았다. 고전 물리학 이론을 근간으로 하기 때문이었다. 양자 개념을 원자 영역으로 도입하는 혁신적인 시도를 하고 정상 상태와 전이라는 개념을 제시하는 등 놀라운 진전을 보이기는 했지만 수소원자의 빛스펙트럼만 설명할 수 있을 뿐, 다른 원자의 빛스펙트럼은 해결하지 못했다.

양자역학에서 원자 내의 전자는 정해진 궤도가 없다. 보어가 제시한 전자 궤도는 전자가 출현할 확률이 비교적 큰 지점일 뿐이다. 전자가 원자핵 주위의 임의의 어느 곳에 존재할 확률을 점으로 나타낼 때, 점의 조밀한 정도는 확률의 크기를 나타내며, 점들이 보이는 형태는 전자가 마치 원자핵 주위에 운무雲霧를 형성한 것과 같아 이를 '전자구름'이라고 한다. 그러나 이는 보어 이론의 가치에 전혀 영향을 미치지 않는다. 보어 이론은 고전역학과 양자역학을 잇는 가교 역할을 했다. 그 다리 너머에는 무한한 미지의 세계가 우리를 기다리고 있다.

자연 방사 현상과 반감기

1903년, 퀴리 부부와 프랑스 물리학자 베크렐Antoine Henri Becquerel은 방사학 분야에서의 뛰어난 연구 업적을 인정받아 공동으로 노벨물리학상을 수상했다. 방사성 물질의 발견은 근대 물리학의 발전에 중대한 의미를 가진다. 핵물리학이 바로 이 방사성 물질 연구에서 비롯되었다.

1896년 3월의 어느 날, 베크렐은 우연히 서랍 속에 검은 종이로 잘 싸둔 사진 건

베크렐

마리 퀴리

판이 감광된 것을 발견했다. 베크렐은 사진 건판과 같이 넣어둔 우라늄 염이 미지의 방사선을 방출한 것이라고 추측했다. 같은 해 5월, 베크렐은 우라늄 금속판에서도 이 같은 복사가 일어난 것을 발견했다. 인류 역사상 최초로 원소의 자연 방사 현상을 발견한 것이다. 베크렐은 최종적으로 자연 방사능의 존재를 확인했다. 이는 원자 핵 내부에 복잡한 구조가 있음을 의미했다.

마리 퀴리^{Marie Curie}는 자연 방사성 원소가 단 하나뿐일 리 없으며 다른 원소에도 같은 성질이 있을 것이라고 생각했다. 그래서 지난한 연구 끝에 마침내 폐우라늄 광석에서 새로운 원소를 추출해냈는데 이 원소는 우라늄보다 400배나 강한 방사선을 내뿜었다. 1898년 7월, 마리 퀴리는 강한 독성을 지닌 이 원소에 '폴로늄'이라는 이름을 붙였다.

같은 해 12월, 마리 퀴리는 그들이 또 다른 원소인 '라듐'을 발견했다고 공표했다. 그 후 퀴리 부부는 4년간의 고된 연구를 거쳐 1902년에 마침내 우라늄 찌꺼기 8톤에서 염화라듐 0.1g을 추출해 염화라듐의 특정 빛스펙트럼 두 개를 분석하고 라듐의 원자량은 225라고 공표했다. 라듐의 발견에 세상의 이목이 집중됐다. 러더퍼드는 라듐으로부터 자연 방사 과정에서 두 개의 방사선, 알파선^{α-ray}(헬륨 원자핵 입자의 흐름)과 베타선^{β-ray}(고속 전자의 흐름)을 발견 및 명명했다. 훗날 프랑스의 빌라드[P. Villard]가 세 번째 방사선인 감마선[γ-ray]을 발견했다. 감마선은 X선보다도 파장이 짧은 전자기파다.

	알파선(α-ray)	베타선(β-ray)	감마선(γ-ray)
구성	고속 헬륨원자핵 흐름	고속 전자 흐름	고에너지 광자 흐름
전하량	$2e$	$-e$	0
질량 (양자의 배수)	$4m_p$	$m_p/1840$	정지 질량은 0
속도 (광속의 배수)	$0.1c$	$0.99c$	c
속도와 수직인 전자기장에서	편향	편향	편향 없음
투과력	가장 약함. 한 장 두께의 종이로도 막을 수 있음	강한 편. 몇 cm 두께의 알루미늄판을 뚫을 수 있음	가장 강함. 몇 cm 두께의 납판을 뚫을 수 있음
공기에 대한 이온화	매우 강함	약한 편	매우 약함
필름 통과	감광	감광	감광

방사능은 일부 원소의 전유물이 아니다. 연구 결과, 원자번호 가 83 이상인 모든 원소가 스스로 방사선을 내보낼 수 있고 원 자번호 83 이하의 원소 중에도 방사성 원소가 있었다. 방사성 원자핵이 자연붕괴할 때 원자핵이 α입자를 방출하고 다른 종류

의 원자핵으로 바뀌는 과정을 α붕괴^{α-decay}라고 하고, 원자핵이 β입자를 방출하고 다른 종류의 원자핵으로 바뀌는 과정을 'β붕괴^{β-decay}'라고 한다. γ선 발생은 α붕괴, β붕괴에 동반되는 현상이다.

일부 방사성 원소의 원자핵은 붕괴 속도가 일정하다. 어떤 특정 방사성 핵종의 원자 수가 방사성 붕괴에 의해, 원래의 수의 반으로 줄어드는 데 걸리는 시간을 '반감기'라고 한다. 반감기는 원자핵 내부의 요소에 의해 결정되며 원자가 처한 물리적 또는 화학적 상태와는 무관하다. 각 방사성 원소의 반감기는 저마다 다르다. 백억 년에 이를 만큼 긴 것도 있고 백만분의 1초밖에 안 되는 짧은 것도 있다. 단, 반감기는 통계 법칙으로 소량의 원자핵에는 적용하지 않는다.

고고학자들은 방사성 동위원소로 지질 시대의 연대를 측정하는데 이를 '동위원소 연대측정법'이라고 한다. 미국의 과학자 3명은 방사성 탄소-14의 붕괴를 이용하여 물질의 연대를 측정하는 '방사성탄소연대측정법'을 발명해 1960년에 노벨화학상을 수상했다. 탄소-14의 반감기는 5730년이고 베타붕괴를 해 질소 원자로 돌아간다.

생물은 살아있는 동안 신진대사로 인해 끊임없이 이산화탄소를 흡수하고 방출하므로 체내의 탄소-14 함량의 변화가 크지 않다. 그러나 생물이 죽으면 호흡이 멈춰 체내의 탄소-14가 감소하기 시작한다. 그러면 사망한 생물체의 체내에 남아있는 탄소-14의 양으로 사망 시간을 추정할 수 있으며 생존했던 시대까지 추정할 수 있다. 예를 들어 어떤 고생물 유해 속에 남아있는 탄소 원자 중 탄소-14가 차지하는 비중이 오늘날 생물의 1/4이라면 이 유해 속의 탄소-14는 두 번의 반감기를 거쳤으며 사망 시간(생존연대)은 지금으로부터 약 11460년 전이다.

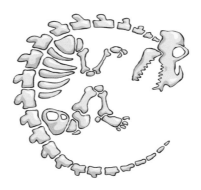

내가 언제 태어났는지 좀 알아봐 줄래?

핵분열과 핵융합

1939년에 발발한 제2차 세계대전으로 인류는 심각한 피해를 입었다. 그러나 아이러니하게도 전쟁으로 인해 과학기술은 비약적으로 발전했다. 대표적인 예가 원자폭탄의 발명이었다.

먼저 중성자의 발견부터 이야기해보자. 원래 사람들은 원자핵이 양성자로만 이루어져 있다고 생각했다. 그러나 연구 과정에서 원자핵의 양전하수가 그의 질량수와 다르다는 사실이 발견되었다. 1930년, 어떤 과학자가 베릴륨이라는 금속이 α입자와 충돌하면 투과력이 굉장히 센 새로운 방사선이 나오는 것을 알아냈는데 이들은 그 선이 γ선일 것이라고 생각해 크게 관심을 두지 않는다. 일단 이 선을 '베릴륨선'이라고 부르자.

1931년, 마리 퀴리의 딸과 사위는 이 베릴륨선을 파라핀에 쬐이면 강한 에너지를 가진 대량의 양성자가 나온다는 사실을 발표했다. 영국의 물리학자 채드윅James Chadwick은 이 '베릴륨선'이 원자핵 양전하수와 질량수가 일치하지 않는 문제를 해결하는 열쇠임을 직감했다. 채드윅은 곧바로 연구에 착수했다. 그는 안개상자(이온화된 입자의 비적을 관찰할 수 있는 장치)로 이 방사성 입자의 질량을 측정해 그 질량이 양성자와 거의 일치하면서도 전하를 가지고 있지 않다는 사실을 발견한다. 채드윅은 이 입자를 '중성자'라고 불렀다. 중성자를 발견한 공을 인정받아 채드윅은 1935년에 노벨물리학상을 수상한다.

중성자의 발견으로 핵에너지(원자력)를 이용할 수 있는 길이 열렸다. 1938년, 독일의 물리학자 오토 한Otto Hahn은 중성자를 우라늄-235에 충돌시키면 크립톤-92와 바륨-141, 그리고 세 개의 중성자가 생성되면서 대량의 에너지를 방출한다는 사실을 발견했다. 이것이 바로 원자핵분열반응이다. 오토 한은 원자핵분열을 발견한 공로를 인정받아 1944년 노벨화학상 수상자로 선정됐다. 핵분열 현상이 발견되면서 2차 대전이 시작된 이후 독일 정부는 우라늄 클럽을 결성하고 원자폭탄의 실현가능성을 연구하기 시작했다. 이 연구를 이끈 사람이 바로 오토 한이었고 그 외에도 막스 폰 라우에Max von Laue, 베르너 하이젠베르크Werner Karl Heisenberg, 한스 가이거Hans Geiger 등 저명한 과학자들이 참여했다. 이에 대응해 미국도 원자폭탄 개발 계획인 맨해튼 프로젝트Manhattan Project를 가동했다. 오펜하이머John Robert Oppenheimer가 프로젝트 총지휘를 맡았으며 보어, 채드윅, 페르미 등 유명 과학자들이 참여했다. 결국 맨해튼 프로젝트는 원자폭탄 개발에 성공해 가공할 파괴력으로 종전을 앞당겼다. 전쟁이 끝난 뒤, 핵무기의 위험성을 인지한 과학자들은 세계인과 각국 정부에 핵무기의 위험성을 알리기 위해 고군분투했다.

핵분열의 원리는 사실 그리 복잡하지 않다. 간단히 말해 무거운 원자핵이 중성자와 충돌해 2개의 핵으로 갈라지는 현상이다. 좀 더 쉽게 말하자면 원자핵이 중성자에 맞아 폭발한 것이다. 폭발을 일으킬 수 있는 원자는 일반적으로 원소주기율표의 뒤쪽에 있는 무거운 원자들이다. 무거운 원자 하나가 분열하면서 생성된 두 개의 가벼운 원자와 중성자를 합쳐도 원래의 무거운 원자의 질량보다 작다. 이런 현상을 '질량 결손'이라고 한다. 핵분열로 방출된 에너지는 아인슈타인의 유명한 방정식 $E=mc^2$로 계산할 수 있다. 만약 질량 결손이 Δm이라면 방출하는 원자력은 $\Delta E = \Delta mc^2$이다.

예를 들어 우라늄 1g이 완전히 핵분열하면서 발생시키는 에너지는 표준석탄 2.5톤을 연소시킬 때 방출되는 에너지와 같다. 만약 핵분열 물질의 질량이 특정 임계 질량보다 크면, 핵분열로 발생하는 중성자가 다시 또 다른 무거운 원자핵에 충돌하게 된다. 이렇게 되면 극히 짧은 시간 안에 거대한 에너지를 방출하게 되는데 이런 과정을 '연쇄반응'이라고 한다. 추정 결과, 우라늄 1kg이 연쇄반응을 일으킬 때 발생하는 열에너지로 물 2억 톤을

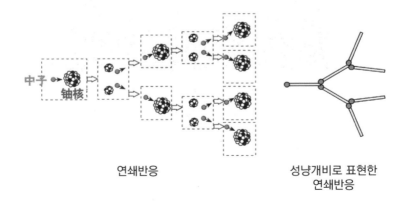

연쇄반응   성냥개비로 표현한
                            연쇄반응

228

펄펄 끓일 수 있다고 한다.

엔리코 페르미Enrico Fermi가 미국 시카고대학에 건설한 최초의 원자로原子爐부터 그 후의 원자폭탄 그리고 지금의 원자력발전소까지 모두 핵분열의 산물로 볼 수 있다. 지금까지 인류가 이용한 주요 핵에너지는 핵분열 에너지였다. 그러나 우라늄 광석의 우라늄 함유량이 매우 적은데다 추출 과정도 까다롭고 핵분열로 인해 생성된 핵폐기물이 극히 위험한 방사능 물질인 까닭에 현재는 제어 가능한 핵융합기술을 활용하는 쪽으로 방향이 바뀌고 있다.

핵융합은 질량이 작은 두 개의 가벼운 원자핵(예를 들어 경수소(1H), 중수소(2H), 삼중수소(3H) 등)을 결합하여 보다 무거운 핵(헬륨 등)으로 만들어 에너지를 방출시키는 핵반응을 가리킨다. 핵융합 과정에도 질량 결손이 있고 방출하는 에너지는 훨씬 크다. 예를 들어 중수소핵 한 개와 삼중수소핵 한 개는 결합해서 헬륨핵을 만들면서 중성자 하나를 내보내 17.6MeV의 에너지를 방출한다. 평균 핵 1개가 방출하는 에너지는 3MeV 이상으로 핵분열 반응에서 핵 1개가 방출하는 에너지보다 3~4배 크다.

가벼운 핵 두 개를 융합시켜 핵반응을 일으키기란 결코 쉽지 않다. 반응물질이 100만, 심지어 1,000만℃ 이상의 고온에 도달해야만 격렬한 열운동으로 일부 원자핵이 충분한 운동에너지를 가져 상호 간의 쿨롱 척력을 극복하고 충돌하면서 융합할 수 있다. 그래서 핵융합반응을 '열핵반응'이라고도 한다. 흔히 말하는 태양에너지 또는 태양복사에너지는 태양 내부의 끊임없는 핵융합으로 인해 발생하는 것이다. 질량-에너지 동등성 수식($E=mc^2$)과 태양복사에너지값을 근거로 태양의 초당 질량 결손을 계산하면 400만 톤 정도로, 수소원소 5억~6억 톤이 핵융합을 일으킬 때와 비슷한데 인류의 상상력으로는 범접할 수 없는 수준이다. 태양은 자신의 질량을 소모해 에너지를 방출하기 때문에 태양도 '수명'이 있다. 하지만 걱정할 필요는 없다. 항성은 수명이 '굉장히' 길기 때문에 태양이 중력 붕괴를 일으켜 백색왜성이 되려면 아직도 수십억 년은 더 흘러야 할 것이다.

인류는 이미 제어가 안 되는 핵융합은 실현했다. 수소폭탄이 그 예다. 그러나 핵융합 에너지를 효과적으로 이용하려면 핵융합 속도와 규모를 제어해 지속적이고 안정적으로 에너지를 만들어낼 수 있어야 한다. 한마디로 '제어핵융합'을 실현해야 한다. 제어핵융합은 수많은 장점을 가지고 있다. 일단 핵융합으로 방출되는 에너지가 훨씬 거대하다. 또 핵융합에 필요한 연료인 '수소'의 동위원소는 바닷물에서 무한히 얻을 수 있다. 바닷물 1리터에서 뽑아낸 중수소로 핵융합을 했을 때 방출되는 에너지는 가솔린 300리터를 연소시킬 때 방출되는 에너지와 비슷하다. 제어핵융합 연구가 성공한다면 인류는 더 이상 에너지 문제로 근심할 필요가 없어진다. 그래서 현재 많은 과학자들이 제어 핵융합 연구에 매진하고 있다.

Task 1 필름으로 소리 보존하기

영화 필름과 카메라 필름은 완전히 똑같지 않다. 영화 필름의 경우, 목소리까지 필름에 보존된다. 영화 필름은 연속 상영을 위해 화면 양쪽에 격자가 연이어 있는데 이 격자 안쪽의 일부 공간에 소리 정보를 저장한다. 촬영할 때, 소리 정보를 빛 신호로 바꿔 필름상에 기록했다가, 상영할 때 광전관을 이용해 역으로 전환한다.

영화 필름은 끊임없이 개선되었지만 소리를 담는 이런 방식에는 별다른 변화가 없었다(물론 디지털 영화의 소리는 그래픽과 함께 디지털 신호로 전환되었지만 이는 일반적인 영화 필름에서의 소리 저장과는 다른 문제임). 광전효과가 영화 기술에서 어떻게 응용되고 있는지 자료를 찾아보고 생각해보자.

Task 2 슈뢰딩거의 고양이

'슈뢰딩거의 고양이'라는 단어는 자주 들어봤을 텐데, 도대체 무엇을 의미하는 말일까? 혹시 양자역학 좀 하는 고양이인 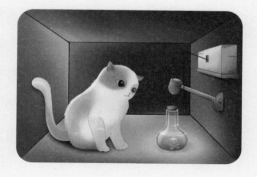 가? 슈뢰딩거의 고양이에 관한 자료를 찾아보고 무엇인지 알아보자.

(Tip : '슈뢰딩거의 고양이'는 오스트리아의 저명한 물리학자인 슈뢰딩거가 제기한 사고실험이다. 고양이 한 마리가 방사성 물질인 라듐과 청산가리를 담은 유리병과 함께 밀폐된 상자 안에 갇혀 있다. 방사능 물질 라듐이 반감기 동안 붕괴할 확률은 반이므로 방사능 물질이 붕괴하면 가이어 계수기가 그것을 감지하고, 이어서 기계장치가 청산가리가 든 약병을 깨뜨리게 된다. 결국 고양이는 독에 중독되어 죽는다. 그러나 만약 라듐의 핵붕괴가 발생하지 않는다면 고양이는 살아있을 것이다.

양자역학이론에 따라, 방사성 라듐은 반감하거나 반감하지 않는, 두 가지 상태에 중첩돼 있을 수 있으므로 고양이는 죽었으면서 살아있는 상태에 있어야 한다. 이 죽었기도 하고 살아있기도 한 고양이가 바로 슈뢰딩거의 고양이다. 그러나 죽었기도 하고 살아있기도 한 고양이란 있을 수 없으며 용기를 깨뜨린 뒤에야 결과를 알 수 있다.

이 실험은 거시적인 척도에서 미시적인 척도의 양자 중첩 원리를 설명하려는 시도였다. 미시 물질이 관측을 통해 입자인지 파동인지 결정된다는 것을 거시적인 고양이와 연관해 관측이 개입될 때의 양자의 존재 형식의 증거를 찾았다. 양자물리학이 발전함에 따라 슈뢰딩거의 고양이는 평행우주 등의 물리 문제와 철학 이슈로까지 확대되었다.)

Task 3 양자 얽힘? 누가 얽혀?

과학기술 뉴스에서 종종 듣게 되는 '양자 얽힘'은 무슨 뜻일까? 그 의미를 간단히 이해해보자. 양자 얽힘이 보안 분야에 쓰일 수 있는 까닭과 더 신뢰할 수 있는 암호 시스템을 만들 수 있는 이유를 알아보자.

(Tip : 2017년 6월, 중국의 양자 과학 실험 위성인 모즈호墨子號는 양자 얽힘 상태의 두 광자가 1,200km 이상 떨어진 상태에서도 여전히 양자

얽힘 상태를 유지하게 하는 데 성공했다. 양자 보안 통신 기술은 이미 실험실 밖으로 나와 산업화의 길로 향하고 있다. 언젠가는 위성 발사를 통해 수천 km 밖의 양자 통신도 실현할 수 있을 것이다.)

1. 양자론, 파동-입자 이중성과 물질파

1900년 12월 14일, 플랑크는 〈정상 스펙트럼의 에너지 분포 법칙의 이론에 관하여〉라는 제목으로 또 다른 회의에서 획기적인 가설을 발표하고 관련 공식을 도출하는 간편한 방법을 공개 했다. 이후 사람들은 이날을 양자론이 태어난 날이라고 정했다. 플랑크는 에너지 양자화 개념을 전제로 흑체 복사를 설명해 양자역학의 문을 활짝 열어젖혔다.

광전효과는 금속 등의 물질에 일정한 진동수 이상의 빛을 비추면 물질의 표면에서 전자가 튀어나오는 현상이다. 광전효과 중 빠져나온 전자를 광전자라고 하는데 광전자를 모아 형성한 전류를 '광전류'라고 한다. 아인슈타인은 플랑크의 '에너지 양자' 가설을 더욱 발전시켜 '광양자설'을 제기했다.

아인슈타인은 플랑크 양자 가설의 부족한 점을 보완했다. 아인슈타인은 빛이 방출 및 흡수할 때만 불연속적인 것이 아니라 빛 자체도 불연속적이며 전파 과정에서도 불연속적이라고 생각했다. 다시 말해 빛은 시종일관 불연속적이고 양자화되어 있다는 것이다. 이러한 관점은 빛에 대한 인류의 인식을 근본적으로 바꿨다.

파동-입자 이중성은 미시 입자의 기본적인 속성 중 하나로 광자뿐만 아니라 양성자, 중성자 전자 등 모든 원자 구성 입자가 보이는 특성이다.

드브로이가 제기한 입자와 관련된 파동을 '물질파', 또는 '드브로이파'라고 한다. 드브로이파의 파장은 $\lambda = h/p$를 만족하며 이 중 $h = 6.626 \times 10^{-34}$J·s로 플랑크 상수이며 p는 입자의 운동량 크기이다. 우리가 일상생활에서 거시 물체의 물질파를 관찰할 수 없는 이유는 물체의 질량이 너무 커서 물질파 파장이 관측 가능한 한계 크기보다 훨씬 작은 탓에 볼 수도 없고 측정할 수도 없기 때문에 거시 물체는 입자성만 보인다.

2. 원자 구조, 원자핵, 방사 현상과 원자력

α입자 산란 실험 결과, 대부분의 α입자는 금박을 통과한 뒤에도 그대로 직진했지만 일부 α입자는 상당한 각도로 편향되었다. 극히 일부는 그 각도가 90°를 넘었는데, 그중에는 거의 180°로 튕겨 나간 것도 있었다. 이를 바탕으로 러더퍼드는 핵이 있는 원자 모형을 구상했다. 즉, 원자의 중심에 매우 작은 원자핵이 있고 원자의 모든 양전하와 거의 모든 질량이 원자핵 안에 집중돼 있고 음전하를 띤 전자는 핵 바깥의 공간에서 핵 주변을 돌고

있으며 원자핵은 매우 작다.

수소원자 스펙트럼은 모두 불연속적이며 서로 나뉘어 있어 러더퍼드의 원자모형에 부합하지 않았다. 보어는 원자모형에 양자 개념을 적용하는 혁신적인 시도로 무려 30년에 이르는 수소 스펙트럼을 둘러싼 논쟁의 종지부를 찍었다. 그러나 이것도 고전이론을 근간으로 했기 때문에 한계가 있었다.

방사성의 발견은 근대 물리학의 발전에 중대한 의미를 지닌다. 이를 계기로 인류가 원자핵의 세계로 나아갔기 때문이다. 이후 중성자의 발견으로 핵에너지(원자력)를 이용할 수 있는 길이 열렸다. 어떻게 해야 원자력을 평화롭게 이용할 수 있을까? 효율적이고 친환경적으로 원자력을 사용하는 방법은 없을까? 이에 대해서는 앞으로도 많은 연구가 이어져야 한다.

할 수 있는 것에 집중하고, 할 수 없는 것을 후회하지 말아라.
- 스티븐 호킹

자연이 하는 일에는 쓸데 없는 것이 없다.
- 아리스토텔레스

과학이 지식을 제한할 수는 있으나 상상력을 제한해서는 안된다.

- 버트런드 러셀